FACHWISSEN FEUERWEHR

Bartmann/Cimolino

HOCHWASSER- UND STARKREGENEINSATZ

ecomed
SICHERHEIT

Bibliografische Informationen der deutschen Nationalbibliothek
Die Deutsche Nationalbibliothek verzeichnet diese Publikation in der Deutschen Nationalbibliografie; detaillierte bibliografische Daten sind im Internet über http://www.dnb.de abrufbar.

Bei der Herstellung des Werkes haben wir uns zukunftsbewusst für umweltverträgliche und wiederverwertbare Materialien entschieden. Der Inhalt ist auf chlorfrei gebleichtes Papier gedruckt.

Aus Gründen der besseren Lesbarkeit wird in diesem Werk die Sprachform des generischen Maskulinums angewendet. Es wird darauf hingewiesen, dass die ausschließliche Verwendung der männlichen Form geschlechtsunabhängig zu sehen ist.

ISBN 978-3-609-68185-6

E-Mail: kundenservice@ecomed-storck.de

Telefon: 089/2183-7922
Telefax: 089/2183-7620

Nachweis der Titelbilder:
oben links: Jürgen Riske, oben rechts: Dr. Ulrich Cimolino
unten links: Wolfgang Beißmann, unten rechts: Klaus Wendel

Satz: Fotosatz Pfeifer, 82110 Germering
Druck: CPI books GmbH, 25917 Leck

Information zur Produktsicherheit:
https://www.ecomed-storck.de/gpsr

Vorwort

Die Anforderungen an die Feuerwehrangehörigen haben sich im Laufe der letzten Jahre erheblich verändert. Genügten in der Vergangenheit oftmals die Kenntnisse der normalen Brandbekämpfung, müssen heute selbst kleinere Feuerwehren die unterschiedlichsten Notlagen meistern können, um in Not geratene Personen oder Tiere zu retten, Sachwerte zu erhalten und die Umwelt vor schädlichen Einwirkungen zu schützen.

Daher ist es erforderlich, dass alle Feuerwehrangehörigen umfassend ausgebildet werden. Dabei ist jedoch zu berücksichtigen, dass diese Ausbildung von den meist ehrenamtlich tätigen Feuerwehrangehörigen zusätzlich zu den ebenfalls weiter steigenden Anforderungen in deren Berufsleben und den vielfältigen Verpflichtungen im privaten oder familiären Umfeld geleistet werden muss. Letztlich liegt es an den Feuerwehrangehörigen selbst, ob und in welchem Umfang sie bereit sind, sich durch eine regelmäßige und aktive Teilnahme an der angebotenen Aus- und Weiterbildung den gesteigerten Anforderungen an die Feuerwehren zu stellen.

Das Ziel der Broschürenreihe „Fachwissen Feuerwehr“ besteht darin, die Feuerwehrangehörigen mit dem Wissen auszustatten, das in der heutigen Zeit erforderlich ist, um aufgabengerecht und wirkungsvoll in den Feuerwehren tätig zu werden. Sie richtet sich vor allem an die Feuerwehrangehörigen, die erstmals in das jeweilige Thema „einsteigen“, aber auch an die Feuerwehrangehörigen, die sich ein solides Basiswissen aneignen möchten.

Alles Gute kommt von oben, heißt es in Anlehnung an ein Bibelzitat. Betrachtet man die Hochwasser- und Starkregenereignisse in jüngster Zeit, so kommen berechtigte Zweifel über die Glaubwürdigkeit des Spruches auf. Wird doch die Welt immer heißer, nasser, trockener – unberechenbar jedenfalls. Das empfinden insbesondere die Feuerwehren.

Warum ist das so? Die Antwort ist fast überraschend trivial: Es liegt an einfacher Physik. Wenn die Luft ein Grad wärmer wird, kann sie etwa sieben Prozent mehr Wasser aufnehmen.

Häufigere und heftigere Starkniederschläge beobachten Klimaforscher vor allem in Deutschland, Österreich und der Schweiz. Auch dieses Phänomen ist einfach erklärt: Wasser steigt im Norden der Adria auf und wird dann im Gegenuhrzeigersinn östlich um den Alpenbogen transportiert, wo es dann nördlich der Alpen zu starkem Regen kommt.

Deutsche Politiker fordern angesichts der Wassermassen mehr Klimaschutz. Im Kern ist diese Botschaft äußerst wichtig, aber es dauert sehr lange, bis man einen positiven Effekt beim Hochwasser sehen wird. Das kann und wird Jahrzehnte dauern, bis sich eine merkbare Wirkung einstellt, gleichzeitig stellen wir fest, dass sich Extremereignisse wie die Starkregenkatastrophe 2021 meteorologisch, bisher unabhängig von Klimaveränderungen, auch so schon immer wieder wiederholen – und der Mensch damit aus unterschiedlichsten Gründen immer mehr Probleme hat bzw. immer größere Schäden entstehen. Das bedeutet, die Feuerwehren müssen sich jetzt schon auf die Extremereignisse aus der Vergangenheit – und auf lange Sicht auf sich häufende Extremereignisse wie Starkregen und Hochwasser – einstellen. Dies betrifft schon jetzt nicht nur die klassischen Hochwassergebiete Rhein, Donau und Elbe, sondern gerade auch viele kleinere Flüsse bis hin zu Gewässern 3. Ordnung. Wir haben vielfach erlebt, wie eben auch kleinere Bäche zu riesigen Wassermassen in kürzester Zeit anschwellen, die insbesondere in Gefällelagen verheerende Energien freisetzen.

Leider sind bei den Einsätzen im Sommer 2021 fünf Einsatzkräfte und im Frühjahr 2024 in Bayern vermutlich zwei weitere ums Leben gekommen. Dies zeigt die Gefährlichkeit v.a. der extrem dynamischen Starkregenereignisse (vgl. auch den Bericht der Expertenkommission Starkregen 2021 der vfdb, Cimolino, 2022).

Die Gemeinden, deren Feuerwehren und alle anderen dort mit eingesetzten Organisationen werden daher nicht umhinkommen, sich – neben den Standardaufgaben – verstärkt auch mit Hochwasser und Starkregen in Vorbeugung und Abwehr auseinanderzusetzen. An vielen Standorten wird notgedrungen ein Paradigmenwechsel bei der Ausrüstung und Ausbildung stattfinden (müssen). Es ist schon bizarr, wenn heute Feuerwehren in ihren

Wachen Hightech stehen haben, Sandsäcke aber noch mit Menschenmassen wie vor 100 Jahren füllen. Auch die Ausbildung von Bootsführern hat während der Ahrtal-Katastrophe Defizite aufgezeigt, die es zu beheben gilt.

Diese Broschüre wurde insbesondere mit den Erfahrungen der letzten Jahre komplett überarbeitet. Sie soll einen kleinen Beitrag dazu leisten, die Feuerwehren zum Thema Hochwasser und Starkregen zu sensibilisieren und bei der Ausbildung zu unterstützen.

Niederbayern, April 2025 Hubertus Bartmann, Dr. Ulrich Cimolino

Inhalt

1 Einleitung

1.1 Lage und Prognosen

Die Prognosen vieler Experten lassen nichts Gutes erwarten. Klimaveränderung und die Bausünden der Vergangenheit an den Flussufern werden speziell die Feuerwehren, aber auch alle anderen Gefahrenabwehrorganisationen, mit den Themen Starkregen, damit starken Strömungen auch außerhalb der bekannten Bach- und Flussbette sowie Hochwasser- und Flutlagen (als dessen Folge oder aufgrund längerer Wettereignisse wie Dauerniederschlag zu Schneeschmelze bzw. Sturmfluten) in den nächsten Jahren mehr konfrontieren als je zuvor. Einige dieser Situationen führen aufgrund ihrer Intensität, Dauer bzw. betroffenen Fläche zu Großschadenslagen bzw. sogar Katastrophen.

Abbildung 1: Hochwasserlage mitten in Dernau an der Ahr am Morgen des 15.07.2021 nach verheerendem Starkregen am Vortag. Das Foto ist viele Meter von der Ahr entfernt entstanden (Quelle: Jürgen Riske, Dernau)

Abbildung 2a und b:
Hochwassersituation in Passau am 28. März 2002 (das zweitniedrigste der im historischen Pegel verzeichneten!), wie sie schon mehrfach in Passau mit tagelangen Vorlaufzeiten eingetreten waren, das höchste davon 1501 – und damit weit vor der Donaubegradigung und -eindeichung
(Quelle: Polizeihubschrauberstaffel Bayern; Mohren, Grevenbroich)

Es bedarf daher einer gezielten Ausbildung aller Helfer in diesem speziellen Einsatzsegment. Dabei ist es unerheblich, ob an den jeweiligen Standorten der Helfer mit Starkregen oder einem Hochwasser zu rechnen ist. Gerade dort, wo die Wahrscheinlichkeit als sehr gering eingestuft wird, muss die Einweisung und Schulung umso intensiver betrieben werden.

Das hat zwei Gründe:

1. Helfer mit wenig oder gar keiner praktischen Erfahrung können bei Hochwassereinsätzen weder regional noch überregional passende Hilfe leisten.
2. Nicht geschulte Helfer gefährden schnell durch Unwissenheit nicht nur ihre Umgebung, sondern im besonderen Maße sich selbst, wenn sie bei diesen Lagen doch eingesetzt werden müssen.

Die Bewältigung von dynamischen Starkregen- bzw. Hochwasserlagen erfordert immer ein Teamwork. Dies setzt sich bei größeren Lagen zusammen aus Einheiten

- der Feuerwehren,
- den verschiedenen Hilfsorganisationen, insbesondere denen mit Wasserrettungskomponenten,
- dem THW,
- den Polizeien der Länder und des Bundes und
- der Bundeswehr.

Diese kommen in den Einsatz in enger Zusammenarbeit mit Fachkräften aus

- Wasserbau und -unterhaltung (Behörden, Firmen),
- Ordnungsämtern und
- Naturschutz.

Häufig werden private Helfer und Firmen mit eingebunden bzw. vernetzen diese sich seit nun bereits einigen Jahrzehnten über das Internet immer stärker und bringen sich u.U. auch unangefordert ein.

Dies muss den Einsatzkräften bekannt sein und es muss verstärkt und rechtzeitig bei den Führungskräften und in den Stäben Beachtung finden. Um sich in diesen verständigen zu können, sind gewisse Fachtermini wie z.B. zum Deich notwendig. In diesem Buch werden die wichtigsten kurz beschrieben.

1.2 Einsatzgrundsätze, Gefahren und Herausforderungen auf, am und im Wasser

Die klassische Gefahrenübersicht nimmt nicht auf die erheblichen Gefahren Bezug, die beim Einsatz auf, am und im Wasser auftreten können. Daher hat einer der Verfasser seit vielen Jahren immer wieder auf die notwendige Ergänzung, hier um ein weiteres „E“ = Ertrinken/Wassergefahren hingewiesen, vgl. Cimolino, 2021. Leider gibt es bisher hier keinerlei offiziellen „Lehrkatalog“ oder auch nur Ausbildungshinweise im Rahmen einer FwDV, gleichwohl relativ viele Vorgaben und Empfehlungen aus den unterschiedlichsten Bereichen der Unfallverhütungsvorschriften, die aber zusammenfassend kaum einem bekannt sind.

Der Taucheinsatz – obwohl von viel weniger und sehr gut sowie speziell ausgebildeten Einsatzkräften durchgeführt – ist dagegen ausdrücklich und seit Jahrzehnten in der FwDV 8 geregelt, die sich zur Drucklegung 2025 in der Überarbeitung befindet.

Die Normen der Feuerwehr gehen bei Fahrzeugen und Geräten nur an wenigen Stellen auf Wassergefahren ein. Die Normen der Feuerwehrboote beschreiben v.a. die technische Ausführung von Booten für einfache Hilfeleistungen bis hin zur Brandbekämpfung, aber richten sich eher nicht an den Einsatz bei Starkregen mit folgenden Überflutungen.

In der Folge werden die Gefahren und mögliche Gegenmaßnahmen erläutert. Die Gefahren durch Ertrinken/Wassereinsätze wurden bisher anderen Gefahren (meist Erkrankung/Verletzung) zugeschlagen. Dies reicht aber nicht aus, weil es für Einsätze am, auf und im Wasser ganz besondere Verhaltensregeln, Ausbildungen und je nach Einsatzort und Einsatzzweck und ggf. auch je nach Temperatur eigene und besondere PSA gibt.

Der § 22 der UVV-Feuerwehren (DGUV Vorschrift 49) weist hier explizit an:

Dienst an und auf Gewässern: Besteht die Gefahr, dass Feuerwehrangehörige ertrinken können, muss der Unternehmer oder die Unternehmerin dafür sorgen, dass die Feuerwehrangehörigen geeignete Auftriebsmittel tragen. Ist dies nicht möglich, ist auf andere Weise eine Sicherung herzustellen.

Die DGUV geht zusätzlich seit Jahren in ihrer Regel 105-049 „Feuerwehren" in Ergänzung der UVV Feuerwehren (DGUV Vorschrift 49) mehrfach auf das Thema ein.

Insbesondere wird die hier notwendige PSA eindeutig der speziellen persönlichen Schutzausrüstung im Sinne der UVV Feuerwehren § 14 (2) zugeschlagen. Es wird über die DGUV Regel 105-049 außerdem ergänzend festgelegt, dass neben der Ausstattung für das Einsatzteam mit der notwendigen speziellen PSA auch ein notwendiger Sicherheitstrupp ebenso ausgestattet an der Einsatzstelle vorzuhalten ist.

Aus der DGUV Information 105-049 sei nachfolgend wörtlich zitiert:

„Geeignete Auftriebsmittel sind Rettungswesten nach DIN EN ISO 12402 „Persönliche Auftriebsmittel". Entsprechend der Gefährdungsbeurteilung ist der Typ auszuwählen. Für den Feuerwehrdienst sind Rettungswesten mit der Stufe 275 der Standard. Vom Standard Stufe 275 kann auf Stufe 150 reduziert werden, wenn sichergestellt ist, dass keine spezielle PSA (z.B. Feuerwehrüberjacke, Wathose) getragen werden muss.

Sind durch das Tragen von Auftriebsmitteln zusätzliche Gefahren zu erwarten (z.B. bei der Eisrettung), muss eine Sicherung auf andere Weise, z.B. durch Anleinen der Feuerwehrangehörigen, erfolgen.

Bei Einsätzen in fließenden Gewässern mit starker Strömung

- *müssen geeignete Auftriebsmittel getragen werden,*
- *dürfen Leinen zum Halten nur vorgesehen werden, wenn Schnelltrenneinrichtungen verwendet werden,*
- *dürfen Wathosen nicht getragen werden.*

Bei Einsätzen auf Booten sind keine Wathosen zu benutzen.

Siehe auch DGUV Information 205-010 „Sicherheit im Feuerwehrdienst".“

Die Probleme reichen hier von der (richtigen!) Auswahl und Anwendung geeigneter Rettungswesten, dem Verzicht – außer bei entsprechenden Gefahren wie z.B. im Brandeinsatz auf Schiffen – auf schwere Überbekleidung und Helm sowie (Wat-)Stiefeln – soweit das aufgrund der Lage möglich ist – bis hin zur notwendigen Sonderausrüstung für Feuerwehrtaucher oder Strömungsretter oder den besonderen Herausforderungen der Rettung im Winter (Kälte, Eisflächen, Treibeis).

■ Einsatzgrundsätze und weitere Gefahren

Für den Einsatz am, auf und im Wasser sind je nach Tätigkeit, Örtlichkeit, Wetter und Wassertemperatur komplett verschiedene Arten von PSA für die Einsatzkräfte erforderlich. Das kann auch bedeuten, dass die Kräfte im Wasser von Kräften am Wasser mit jeweils verschiedener PSA gesichert werden.

Typische Beispiele sind:

- Einsatz an und in Strömungsgewässern – dazu gehören auch durch Starkregen geflutete Täler, Straßen, Wege – erfordern besondere Umsicht, trotzdem schnelle Reaktion, um ggf. noch Menschen retten zu können. Vorsicht ist insbesondere beim Retten aus Gebäuden geboten, denn hier können tieferliegende Räume schnell zu Todesfallen durch den Wasserdruck auf nach außen zu öffnende Fenster und Türen werden. Boote können an Hindernissen oder bei einseitiger Belastung querschlagen und umkippen und so zur Gefahr werden, weil Einsatzkräfte darunter eingeschlossen oder davon eingeklemmt werden können. Bei den Einsätzen rund um die Starkregenlagen 2021 kamen leider fünf Einsatzkräfte ums Leben (vgl. Cimolino, 2021/2022). Bei den Einsätzen in Bayern im Spätfrühjahr 2024 bezahlten bei 2 Bootsunfällen in Flutereignissen nach Starkregen voraussichtlich[1] weitere 2 Einsatzkräfte mit ihrem Leben.

- Brandbekämpfung auf dem Wasser bzw. in unmittelbarer Nähe eines Gewässers (Boot am Ufer, Haus auf Stelzen, direkt am Ufer usw.), vgl. FUK-Niedersachsen, 2019:
  - Für alle Einsatzkräfte, die PA tragen könnten: Rettungswesten, die auch für PA-Träger geeignet sind, also solche der Leistungsstufe 275 (275 N Auftrieb).
  - Für alle anderen mit Feuerwehr-Überbekleidung (auch als Wetterschutz): Leistungsstufe 275!
  - Alle anderen Leistungsstufe 150.
- Einsatz in ufernahen Bereichen bzw. in Räumen mit Schächten oder nach unten führenden Treppen usw.:
  - V.a. in Strömungsbereichen: Nur mit geeigneter Rettungsweste – s.o.!
  - Nur mit Sicherungsleinen.
  - Vorsicht mit Wathosen bzw. auch Watstiefeln, hier bestehen zwei besondere Gefahren:
    - Gefahr des Volllaufens der Wathosen bzw. -stiefel und damit des Untergehens v.a. ohne geeignete Rettungsweste.
    - Gefahr des Auftreibens mit den Füßen nach oben, wenn an der Wathose ein Lufteinschluss (z.B. durch einen Gurt, Gürtel oder Leine) im Bereich der Beine ist.
- Einsatz in der kalten Jahreszeit:
  - Längere Einsätze an und im Wasser führen sehr schnell zum Auskühlen, sodass ausreichend warme PSA hier immer erforderlich ist. Insbesondere Einsätze im Wasser erfordern spezielle Kälteschutzanzüge.
  - Einsätze auf Eisflächen erfordern
    - spezielle Taktiken (Erkundung, Lastverteilung, koordinierte Suche und Rettung) und
    - spezielle Geräte (z.B. Eisschlitten).

[1] Zum Redaktionsschluss im Frühjahr 2025 ein Toter und ein immer noch vermisster FA. Im Herbst 2024 kam es über die Medien zu einer Diskussion über die (nicht) getragene PSA der Einsatzkräfte der Feuerwehr im Fall des vermissten FA, vgl. Allgaier, 2024.

Insbesondere beim Einsatz in überfluteten Bereichen können viele weitere Gefahren hinzukommen:

- Abnormale Reaktionen wie Angst bzw. Panik bei betroffenen Menschen oder Tieren
- Absturz (inkl. Abrutschen) von Ufern oder Booten bzw. Schiffen ins Wasser, Einbrechen durch eine Eisdecke
- Atemgifte bei Reaktion von Schadstoffen im überfluteten Bereich
- Ausbreitung der primären Schadenslage:
  - schnell bei extremem Starkregen – bis relativ langsam bei weiteren „normalen" Regenfällen,
  - sehr langsam und gut vorhersehbar bei steigenden Flutpegeln (i.d.R. sind Erfahrungswerte zum eigenen Hochwasser bei bekannten Pegelständen an den Oberläufen der zufließenden Flüsse vorhanden),
  - sehr schnell nach Dammbruch (oder dessen bewusster Entlastungssprengung)
- Biologische Gefahren durch Infektionskeime:
  - Tierkadaver, Leichen
  - übergelaufene Schmutzwasserkläranlage
  - überschwemmte Kläranlagen
  - mangelnde Hygiene
- Chemie durch aufgeschwemmte Tanks, v.a.
  - Heizöl (schädigt die Umwelt und v.a. das Mauerwerk)
  - andere gelagerte Produkte, die ggf. mit Wasser auch noch gefährlich reagieren
- Einsturz bzw. Abrutschen beschädigter Bauten
  - Häuser
  - Straßen, Schienen
  - Brücken
- Elektrizität durch überschwemmte Erdkabel, Verteilerkästen, Hausinstallationen usw.[1]
- Erkrankung/Verletzung durch
  - langes Arbeiten in feuchter Umgebung (z.B. offene Füße)
  - Infektionen (s.o.)

[1] Vgl. Zimmermann, Fachwissen Feuerwehr, Einsatz von Spannungswarnern für Überflutungslagen und erweiterte Einsatzbereiche.

- Ertrinken (selbstredend!)
- Explosion durch aufgeschwemmte und dann abgerissene und abblasend treibende Gastanks.

Einsatzgeräte und Sachwerte können zwar nicht „ertrinken", aber durch Wasser oder von den aus vom Wasser auf- oder ausgeschwemmten Behältern austretenden Chemikalien sehr stark geschädigt oder gar zerstört werden.

Auch die Umwelt kann natürlich nicht direkt „ertrinken", sie kann aber durch Wasser während längerer Überflutungen geschädigt werden. Meist regeneriert sie sich jedoch relativ schnell wieder. Kommt es aber zu sehr intensiven Niederschlägen (auch auf z.B. von Bränden vorgeschädigten Flächen), dann kann es zur starken Erosion von Uferböschungen, Flussverläufen oder ganzen Hanglagen kommen. Die Folgen können jahrhundertelang sichtbar bleiben.

■ Sicherheits- bzw. Backup-Grundsätze

Für Einsätze in kritischen Bereichen (z.B. an oder in Strömungsgewässern, in überschwemmten unübersichtlichen Bereichen oder Gebäuden) gelten besondere Sicherheitsanforderungen.

1. Einsatzkräfte benötigen die richtige PSA. Das ist hier im Sinne des § 14 (2) der UVV Feuerwehren immer zusätzliche spezielle PSA!
2. Die Einsatzkräfte müssen für diese Art Einsatz ausgebildet sein. Der Einsatz in strömenden Gewässern ohne geeignete Ausbildung und Ausrüstung ist – wie der Einsatz ohne Atemschutz in einem brennenden Gebäude – zu gefährlich und daher zu unterlassen! Der Einsatz mit nicht explizit für die Lage geeigneter Ausrüstung ist kritisch zu hinterfragen. Flachwasserboote ohne Motor oder Boote mit ungeschütztem oder zu schwachem Antrieb sind in Strömungsgewässern nach Starkregen grundsätzlich ungeeignet! Das Befahren von überfluteten Siedlungsgebieten mit Booten erfordert aufgrund der zahlreichen Hindernisse unter Wasser (z.B. Zäune!) immer stabile Rümpfe und geschützte Antriebe – und immer entsprechend ausgebildete und mit der richtigen PSA (Rettungswesten!) ausgestattete Besatzungen.

3. Sicherheitsteams sollten immer bereitstehen – und nicht nur wie durch die FwDV 8 beim Tauchen verlangt. An Strömungsgewässern müssen z.B. in schmaleren Bereichen mit Teams unterhalb der eigentlichen Einsatzstelle dazu auch Auffangbereiche geschaffen werden, um abtreibende Personen erkennen und möglichst auffangen zu können. Dafür wird je nach Lage und Umgebung z.B. Personal an den Uferbereichen, auf Brücken, an quer bzw. schräg gespannten Leinen, oder auch in geeigneten Booten benötigt.
4. Bei Flächenlagen sollten spezialisierte Einheiten zur Unterstützung bereitgehalten werden, z.B.
   - Einheiten für die Führung und Unterstützung des Luftfahrzeugeinsatzes,
   - Spezialisten für bestimmte Aufgaben zur Fachberatung bzw. Hilfe vor Ort (Gefahrgut, Ölwehr für aufgeschwemmte Heizöltanks),
   - Messtrupps mit Gas- bzw. Elektromessgeräten, wenn dies von den eingesetzten Einheiten vor Ort geleistet werden kann, was zu bevorzugen ist,
   - Strömungsretter,
   - Tauchtrupps.
5. Das Fahren mit Fahrzeugen und Booten in überfluteten Bereichen ist immer mit großen Gefahren verbunden! Es können sich unter der Oberfläche unsichtbare Hindernisse oder Ausspülungen verbergen, die nicht immer durch Strömungsverhalten angezeigt werden.

Eigene Stand-Einsatz-Regeln (SER) hierzu sind insbesondere dann sinnvoll, wenn spezielle Ausrüstung (wie z.B. Boote) oder eine Wasserrettungseinheit vorhanden sind.

Havarien von Schiffen mit anderen Schiffen bzw. Booten oder mit dem Ufer oder Brücken oder Hafenanlagen stellen besondere Herausforderungen an die Einsatzkräfte der Wasserrettung. Maßnahmen der Menschenrettung auf bzw. aus dem Wasser müssen u.U. mit solchen zur Brandbekämpfung bzw. THL oder dem ABC-Einsatz verknüpft werden. Dabei ist zu beachten, dass selbst auf kleineren schiffbaren Flüssen die Massen der havarierten Objekte oft in Bereichen weit jenseits z.B. der sonst üblichen „Verkehrsteilnehmer“ liegen. Bei Unfällen mit Booten oder Schiffen müssen Besonderheiten beachtet werden, z.B.

- höhere Brandlasten (verschiedene Löschmittel bzw. v.a. leistungsfähigere Brandschutzkomponenten sind erforderlich),
- weit größere betroffene Personenzahlen möglich (ggf. MANV-Thematik beachten),
- durch mechanische Einflüsse bei Unfällen auf Schiffen oder zwischen Wasserfahrzeugen auch Einklemmungen wie bei Kraftfahrzeugen möglich, hier ggf. umfangreiche Ausrüstung erforderlich, vgl. hierzu die entsprechenden Bücher zur THL bei Kraftfahrzeugen innerhalb der Reihe Einsatzpraxis, bzw. die entsprechende SER dazu,
- Ladung führt ggf. zu weiteren Problemen (z.B. parallele Freisetzung von Gefahrgut mit entsprechend notwendigem ABC-Einsatz).

2 Grundlagen

2.1 Einteilung

Das Buch behandelt in seiner Neuauflage Schadenslagen am, im und auf dem Wasser, die durch außergewöhnliche Wasserstände, starke Regenfälle oder bestimmte Sondersituationen (z.B. Dammbrüche) entstehen können.

Hinweis: Taucheinsätze sind bei diesen Einsatzlagen relativ selten sinnvoll bzw. zu verantworten und unterliegen extremen Bedingungen v.a. in stark strömenden Gewässern mit Hindernissen. Dies erfordert eine eingehende Prüfung der Lage, sehr gut ausgebildete Einsatzkräfte und – oft leider ein „Nein, nicht sinnvoll bzw. nicht zu verantworten!". Taucheinsätze werden aus diesem Grund nur ansatzweise behandelt *(siehe Kap. 4.5)*.

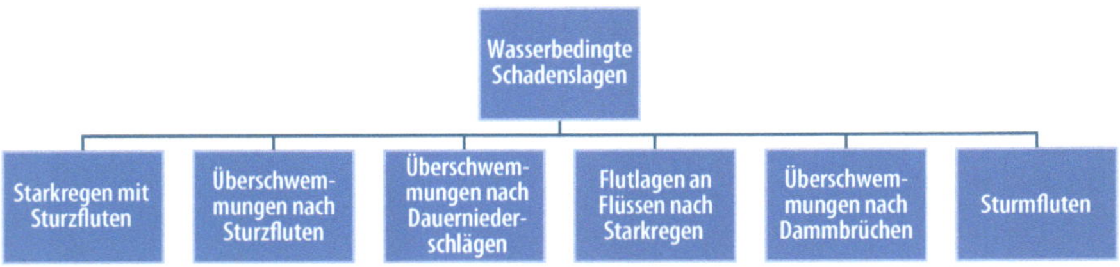

Abbildung 3: Ursachen für wasserbedingte (Groß-)Schadenslagen (Quelle: Dr. Cimolino)

Gewöhnlich werden unter **Fluten** bzw. **Hochwasser** erhöhte Abflüsse und Wasserstände mit Überschwemmungen und dadurch verursachte Schäden verstanden. Drei Werte kennzeichnen besonders das Hochwasser in einem Abflussquerschnitt:

1. Die **Dauer** als Zeit vom Anstiegsbeginn bis zum Abstiegsende eines Anschwellens (z.B. Flut- bzw. **Hochwasserwelle**),
2. der **Scheitel** als Gipfelpunkt des Wasserstands oder Abflusses beim Durchgang einer Hochwasserwelle und
3. die **Abflusssumme** als summierter Abfluss während eines Hochwassers.

2.2 Ursachen

Wasserbedingte (Groß-)Schadenslagen (*siehe Abb. 3*) sind Bestandteile des natürlichen Wasserkreislaufes und daher seit Jahrtausenden immer wieder aufgetreten und nicht zu vermeiden.

Der Verlauf ist meist ähnlich. Es beginnt mit einer entsprechenden Wetterlage, die sich über einem Gebiet (z.B. Abregnen in einer Bergstaulage), oder auch ganz woanders (Abregnen von großen Mengen flussaufwärts oder starke Stürme in den Meeren) abspielt und in der Folge über direkte Niederschläge oder indirekte Flutfolgen zu großen Schäden führen kann.

Zu Beginn des eigentlichen lokalen Niederschlagsereignisses wird das Wasser auf Pflanzen und auf der Bodenoberfläche zurückgehalten. Mit weiter andauerndem Niederschlag versickert ein Teil des Wassers und fließt so dem Grundwasserleiter zu. Gleichzeitig erhöht sich der Oberflächenabfluss.

Beides führt bei ausreichend langer Dauer in der Folge in den Fließgewässern zu steigenden Wasserständen (Hochwasser).

Regnet es viel, und sind die natürlichen Rückhaltemöglichkeiten auf Pflanzen und das Wasseraufnahmevermögen des Bodens erschöpft, oder ist im Winter der Boden gefroren, wird der größte Teil des Niederschlages unmittelbar oberflächig abgeführt. Extreme Hochwasser – im Sprachgebrauch auch „Jahrhunderthochwasser" genannt – entstehen durch das Zusammentreffen besonders ungünstiger, den Oberflächenabfluss fördernder Konstellationen, wie z.B. starke Regenfälle, ggf. mit Schneeschmelze auf einen gesättigten Bodenspeicher oder gefrorene Böden.

Die meisten naturbelassenen Fließgewässertypen ufern mit steigenden Zuflüssen langsam weiter aus. Das Gewässer verbreitert sich, der Abfluss nimmt in der Menge etwas verzögert zu. Die Fließgeschwindigkeiten nehmen ab. Die Wasserstände in den nachfolgenden Gewässerabschnitten nehmen langsam zu. Sind die überschwemmten Bereiche frei von Nutzungen, entstehen keine oder nur geringe Hochwasserschäden, da keine nennenswerten Schadenspotenziale vorhanden sind.

Kritisch wird es dann, wenn sich auch im natürlichen Wasserverlauf Engstellen (eine „Klamm", eine Schlucht, Steilhänge) ergeben. Hier staut sich dann das Wasser an, es kommt zu

- Düseneffekten und damit zur Gefahr der Erosion der Hänge bzw.
- Anstau mit Treibgut (mitgerissene Vegetationsteile bis hin zu ganzen Bäumen). Diese „Verklausung" kann plötzlich nachgeben und dann unterhalb eine Flutwelle erzeugen.

Der Mensch beeinflusst den natürlichen Wasserkreislauf und damit das Abflussgeschehen in vielerlei Hinsicht. Grundsätzlich und langfristig ist anzunehmen, dass der Mensch mit seinen Handlungen indirekten Einfluss auf das Klima hat. Die für die Gefahrenabwehr aber viel deutlicheren und oft sehr direkten Einflüsse übt der Mensch durch die Nutzung der Gewässer, der gewässernahen Bereiche und des Einzugsgebiets sowie die Umgestaltung der Fließgewässer zur Optimierung der Nutznießungen, wie z.B. der Schifffahrt, aus. Durch die Einwirkungen des Menschen verändern sich wesentliche Parameter des Wasserhaushalts, wie z.B. Niederschlagsintensität und Niederschlagsverteilung auch im Mikroklima, Versickerung und Wasserrückhalt sowie der Oberflächenabfluss. Dies führt dazu, dass sich wichtige Planungsgrößen diesen veränderten Gegebenheiten anpassen müssen.

Mit der Zunahme von Industrie und Handel nahm der Schiffsverkehr ebenfalls deutlich zu. Die technischen Möglichkeiten erlaubten v.a. ab dem 18. Jahrhundert Maßnahmen des Hochwasserschutzes mit denen für die Verbesserung der Schifffahrt zu kombinieren. In der Folge sind die Nutzungen und Ansiedlungen über die Jahrhunderte an die Fließgewässer herangerückt. Der Tourismus ab dem 19. Jahrhundert führte hier zu weiteren Verdichtungen in Ufernähe.

Es kam zu folgenden Veränderungen an den Fließgewässern:

- Laufentwicklung (Linienführung, Längs- und Querprofile, Gewässerbettausbau, Einbau von (v.a. Brücken-)Bauteilen in Gewässerprofile[1]),

[1] An der Ahr gibt es seit 1804 deutlich mehr Einbauten wie Brücken als früher, folglich auch viel mehr Hindernisse im Wasserabfluss und eine höhere Gefahr der Verklausung, mit der Folge des Bauwerksversagens mit weiteren Flutwellen, wie im Sommer 2021 auch geschehen.

- Wasserstraßenbau (Vertiefung und Verbreiterung der Fahrrinnen) und
- Wasserkraftnutzung (Staudämme mit und ohne Schleusen).

Eine Hochwasserwelle im Rhein benötigt z.B. heute für die Strecke von Basel nach Karlsruhe etwa 30 Stunden, vor der Rheinbegradigung brauchte sie dazu noch etwa 65 Stunden. Zur Wahrheit gehört aber auch, dass verheerende Flächenhochwasser mit vielen hunderten Toten bis zum Sommer 2021 der Vergangenheit anzugehören schienen. Im Jahre 2021 erfolgte mit der nach 1804 und 1910 dritten großen (und relativ gut dokumentieren) Flutwelle v.a. an der Ahr nach Starkregen infolge einer Vb-Wetterlage in RLP und NRW dann leider ein böses Erwachen mit mindestens 189 Toten, davon 5 toten Einsatzkräften.

2.3 Auswirkungen

Die Trennung von überschwemmten und hochwassergeschützten Bereichen wird durch eine **Hochwasserschutzlinie** bewerkstelligt. Oft sind mehrere Schutzlinien für unterschiedliche Hochwasserstände (Bemessungshochwasserstand) hintereinander gestaffelt angeordnet, um sich mit steigenden Wasserständen auf vorbereitete Schutzlinien zurückziehen zu können. Durch die Staffelung der Schutzlinien kann auch vermieden werden, dass bereits bei kleineren Hochwasserereignissen der Gesamtschutz aktiviert werden muss.

Die Hochwasserschutzlinien werden dabei i.d.R. in Bezug auf die bisherigen Erfahrungen oder künftigen Erwartungen auf die Häufigkeit z.B. 50-jähriger (HQ_{50}), 100-jähriger (HQ_{100}) oder extremer Hochwasser (HQ_{extrem}) gezogen bzw. die festen Verteidigungsanlagen entsprechend errichtet.

Die Lage einer Schutzlinie zum Gewässer hat unmittelbare Auswirkungen auf den Wasserrückhalt, die Abflussleistung und damit auch auf die Wasserstände. In nachfolgenden Abbildungen wird dargestellt, wie sich die Wasserstände in einer Gewässerstrecke in Abhängigkeit von der Lage der Schutzlinie verändern.

In Abbildung 4 kann der Fluss maximal den Abfluss bis zum Wasserstand W_2 ohne Ausuferungen abführen. Diese Variante – ohne wasserbauliche Maßnahmen – stellt den Urzustand dar. Bei höheren Wasserständen (W_3 – W_4) ufert das Gewässer jedoch aus und überschwemmt die Vorländer. Die dabei aufgetretenen Schäden sind allerdings gering, da sich dort aufgrund der ständigen Hochwassergefahr keine oder nur geringwertige Nutzungen angesiedelt haben.

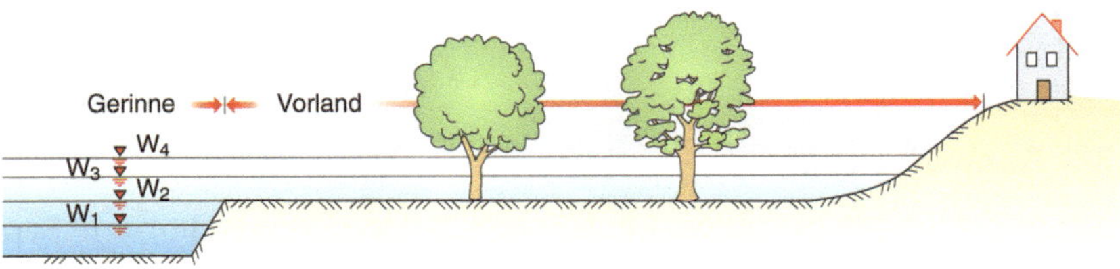

Abbildung 4: Lage der Hochwasserschutzlinie – Ausgangszustand (Quelle: Bartmann)

Durch den Bau eines Hochwasserschutzdeiches *(siehe Abb. 5)* konnte die Abflussleistung gesteigert werden. Abflüsse bis zum Wasserzustand W_3 ließen sich ohne Ausuferungen abführen. Für die Unteranlieger **erhöhen** sich jedoch in der Folge die Abflüsse und die Wasserstände, da aufgrund der abgeschnittenen Überschwemmungsflächen (Vorländer) weniger Wasser zurückgehalten wird. Der darüberliegende Abfluss (W_4) führt zu Schäden, wenn genutzte Bereiche überschwemmt werden.

In der vermeintlichen Sicherheit, dass es kein Hochwasser größer als W_3 gibt, wurden erhebliche Werte auf dem „hochwasserfrei“ gelegten Gelände hinter dem Schutzdeich angesiedelt. Die dort befindlichen Nutzungen führen dann bei einem extremen Hochwasser – eventuell in Verbindung mit der Zerstörung eines Deiches – zu sehr hohen Schäden. In der Folge wurden die Deiche erhöht und damit die Situation für die Anlieger im Vorland weiter verschlechtert. Bis dann das nächste, noch höhere Hochwasser kam.

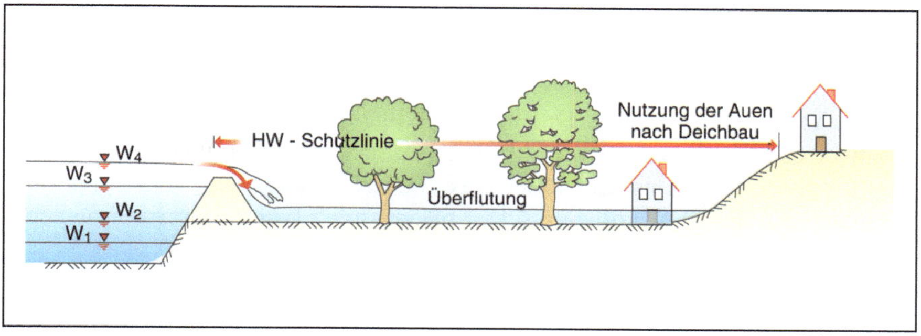

Abbildung 5: Lage der Hochwasserschutzlinie – Erhöhung des Ufers durch einen Deich (Quelle: Bartmann)

Die in Abbildung 5 dargestellte Situation ist das klassische Beispiel dafür, wie über lange Jahre hinweg der Hochwasserschutz an Fließgewässern gestaltet wurde. Gleichzeitig kennzeichnet diese Variante die Verhältnisse, wie sie heute an den Gewässern vorzufinden sind, immer in Erwartung auf das nächste Extremhochwasser. Wird die Hochwasserschutzlinie, wie in Abbildung 6 gezeigt, zurückverlegt, verbessert sich der Wasserrückhalt, denn das Gewässer ufert früher aus. In der betroffenen Gewässerstrecke kann jetzt auch der Abfluss bis zum Wasserstand W_4 ohne Ausuferungen abgeführt werden.

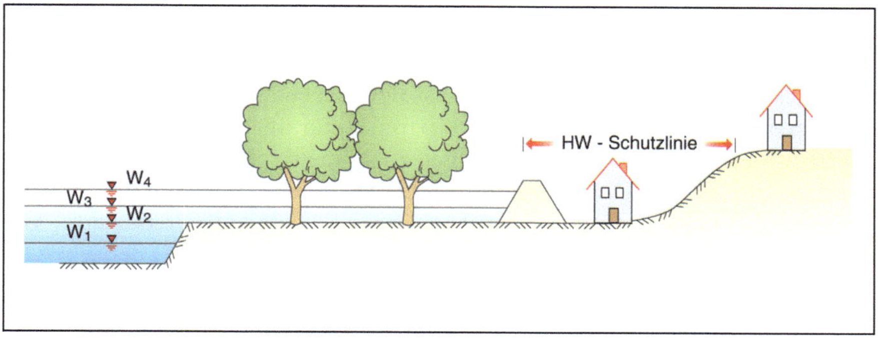

Abbildung 6: Lage der Hochwasserschutzlinie, Rückverlegung des Deiches (Quelle: Bartmann)

Durch eine Umgestaltung des vorhandenen Abflussquerschnitts wird der Wasserrückhalt nochmals geringfügig verbessert *(siehe Abb. 7)*. Nach dieser Maßnahme steht dem Gewässer bereits beim Wasserstand W_2 ein größerer Querschnitt zur Verfügung. Das hat zur Folge, dass die Wasserstände in der Schutzstrecke sinken und die Abflussspitzen gemindert werden. Entsprechend später ufert das Gewässer aus. Landwirtschaftliche Nutzung oder Viehtrieb auf dem Vorland sind selbst bei geringen Hochwassern ohne Schäden möglich.

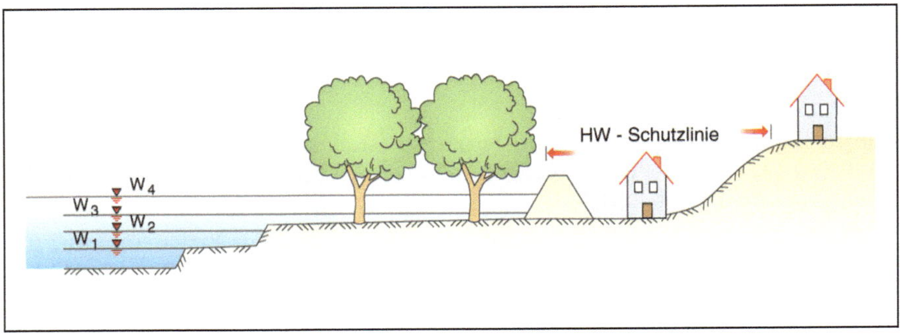

Abbildung 7: Lage der Hochwasserschutzlinie – Rückverlegung des Deiches und Gliederung des Abflussquerschnittes (Quelle: Bartmann)

Sich mit seinem Besitz unterhalb[1] der Hochwasserschutzlinie zu befinden, bedeutet für die betroffenen Gewässeranlieger, dass sie weiterhin mit Hochwasserwirkungen rechnen müssen, das hat z.B. direkte Folgen für die Versicherbarkeit bzw. die Preise dafür. Es ist naheliegend, dass das Interesse der Gewässeranlieger an einer Hochwasserfreilegung durch bauliche Maßnahmen normalerweise[2] sehr groß ist. Dies umso mehr, als die Bedeutung eines Hochwassers sich in Deutschland bis 2021 in der Regel auf einen rein materiellen Aspekt der aufsummierten Sach- und Folgeschäden reduzierte. Gezählt wurden überschwemmte Keller, Erdgeschosse, Geschäfte, Betriebe und

[1] Das kann vor der Linie zwischen Fluss und sicherem Land sein, wie auch im Landesinneren in einer Senke, die über ungesicherte Kanäle oder später den steigenden Grundwasserspiegel oder durch Rückstau von anderen Fließgewässern vollläuft!

[2] Es gibt allerdings auch gar nicht so wenige Fälle, an denen sich in Gewässernähe wohnende Personen vehement gegen Schutzbauten wehren, weil sie ihnen die Aussicht verstellen und/oder Parkmöglichkeiten nehmen.

vielleicht auch ganze Innenstädte (vgl. Passau, *siehe Abb. 2*). Menschliche Verluste waren über Jahrzehnte bis 2021 eher selten. Häufiger kamen in den letzten Jahrzehnten Tiere ums Leben.

2.4 Hochwasserschutz

In der Vergangenheit hat der Mensch durch Begradigungen, Deiche und Dämme viele natürliche Überschwemmungsgebiete vom Fluss getrennt und damit zwar meist die Hochwassergefahr für Flächenhochwasser in Häufigkeit und Auswirkungen gesenkt, aber die Risiken bzw. Wirkungen extremer Hochwasser in Verbindung mit dem Heranwachsen der Bebauung an die Gewässer zum Teil drastisch verstärkt.

Um die extremen Hochwasser besser in den Griff zu bekommen, besinnt man sich seit einigen Jahren wieder darauf, den Gewässern wieder mehr (allerdings geplanten und gesicherten) Raum zu geben.

2.4.1 Natürlicher Rückhalt – Vorbeugender Hochwasserschutz

- Natürlicher, mäandernder Gewässerverlauf an Fließgewässern
- Erfassung und Reaktivierung natürlicher Rückhalteräume
- Gewässerpflege und Renaturierung
- Auenschutz
- Sanierung von Wäldern, insbesondere von Schutzwäldern

2.4.2 Technischer Hochwasserschutz

- Hochwasserschutzmaßnahmen (stationär und mobil) der Kommunen
- Deichnachrüstung (Erhöhung, Verbreiterung, Sanierung, Anlegen von mit schweren LKW befahrbaren Deichverteidigungswegen am Deichfuß der „Landseite“)
- Deichpflege (inkl. Entfernung von Bäumen![1])

[1] Bäume auf Deichen sehen zwar nett aus, gefährden aber das Schutzbauwerk auf Dauer erheblich. Lebende Wurzeln bieten einen Ansatz für Durchsickerungen und damit Ausspülung von Material, abgestorbene Wurzeln im Deich verfaulen und hinterlassen Schwachstellen, mit dem Wurzelballen im Sturm umgeworfene Bäume zerstören Teile des Deiches.

- Hochwasserspeicher
- Retentionsflächen
- Gesteuerte Abflussbehinderung von Speichern (Retention), vermehrt auch auf privaten Grundstücken
- Hochwasserschutz in und um Wild- bzw. Naturbächen

2.4.3 Weitergehende Hochwasservorsorge

- Sicherung und Freihaltung der Überschwemmungsgebiete
- Verbesserung der Hochwasserwarnung
  - Aufbau eines neuen automatischen Online-Niederschlagsmessnetzes
  - Ausbau (Verdichtung und Optimierung) des bestehenden Pegelnetzes
  - Entwicklung flussgebietsbezogener Hochwasservorhersagemodelle
- Verbesserung der Gefahrenabwehr
  - Pegelbezogene Schutzmaßnahmen
    - definieren und
    - rechtzeitig einleiten.
  - Aufbau geeigneter Gefahrenabwehrlager[1] (Sandsäcke (leer, voll), Füllmaschinen, Barrieren, Schmutzwasserpumpen, PSA usw.)
  - Nutzung von Prognosetools
    - Wetter (insbesondere Niederschläge)
    - Trockenheit (im Boden)
    - Hochwasserprognosen
- Sensibilisierung und Eigenverantwortung der Bürger stärken
  - Internet und insbesondere Soziale Medien als Informationsmedien
  - Aktive Informationspolitik und Aufklärung betroffener Bürger
  - Wasserbauliche Projekte in den Medien
  - Visualisierung des Restrisikos durch Hochwassermarken an den Gebäuden *(siehe Abb. 8)*

[1] In den Gemeinden, den Landkreisen und in den Ländern!

Abbildung 8:
Hochwassermarke an einer Stützmauer *(vgl. auch Abb. 2b)*
(Quelle: Bartmann)

Im Rahmen dieses Kapitels kann und soll nicht auf alle Varianten des Hochwasserschutzes eingegangen werden. Lediglich solche Maßnahmen, die eine Einsatzkraft im Rahmen ihrer Tätigkeit unmittelbar beeinflussen kann, werden berücksichtigt. Der Erklärungsbedarf reduziert sich deshalb auf die Besprechung von Deichen und Dämmen, Hochwasserschutzmauern und digitalen Geländemodellen sowie Prognosehilfen.

2.5 Deiche und Dämme

2.5.1 Einteilung und Bauweise

Aus den vorangegangenen Erläuterungen ist zu erkennen, dass der Deich Dreh- und Angelpunkt aller Überlegungen ist. Daher ist es notwendig, dass Einsatzkräfte die einzelnen Deichbezeichnungen sowie den Aufbau eines Deiches kennen.

Deiche werden, im Gegensatz zu Erddämmen in Stauanlagen (Dämme), nicht regelmäßig – und dann auch nur kurzzeitig – eingestaut. Dämme sind daher immer mit einer Dichtung ausgestattet *(siehe Abb. 9)*. Deiche hingegen nur dann, wenn mit den ortsüblichen Baustoffen ohne Dichtung eine zu große Sickerwassermenge zu erwarten wäre.

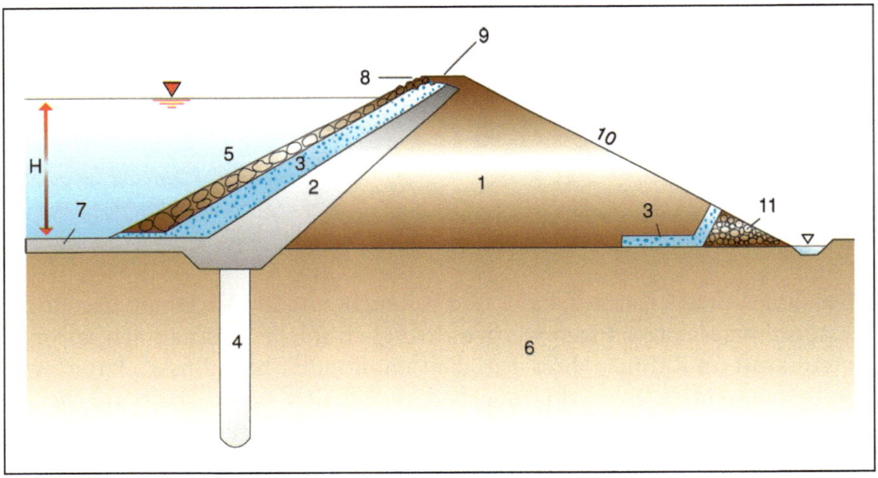

Abbildung 9: Hauptkonstruktionselemente eines Staudammes (Quelle: Bartmann)

1 = Stützkörper
2 = Dichtung
3 = Filter
4 = Untergrundabdichtung
5 = Schutzschicht
6 = durchlässiger Untergrund
7 = Dichtungsteppich
8 = Freibord
9 = Dammkrone
10 = luftseitige Böschung
11 = Dränprisma (Stützfuß)

Seedeiche unterscheiden sich von Flussdeichen dadurch, dass sie neben den Einwirkungen aus dem Einstau auch Wellenbelastungen ausgesetzt sind. Die Einstaudauer ist zudem im Tidegebiet periodisch wechselnd. Je nach Funktion unterscheidet man folgende Deicharten *(siehe Abb. 10)*.

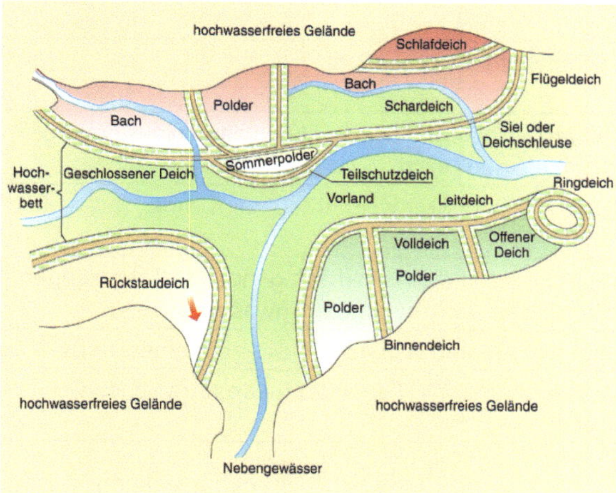

Abbildung 10:
Einteilung der Deiche
(Quelle: Bartmann)

Tabelle 1: Erläuterungen zu Abbildung 10

Begriff	Erläuterung
Deich	Damm aus Erdbaustoffen zum Schutz gegen Hochwasser und/oder Sturmfluten (nur zeitweise eingestaut).
Binnendeich	Deich, der einen Polder unterteilt, um die Schäden bei einem Deichbruch zu begrenzen.
Flügeldeich	Flussdeich, der Deichstrecken am Gewässer mit hochliegendem Gelände verbindet.
Flussdeich	Deich an einem Fließgewässer mit überwiegend hydrostatischer Belastung.
Leitdeich	Deich, der die Hochwasserströmung in eine bestimmte Richtung lenkt.
Polder	Teil einer durch Binnendeiche unterteilten Aue im Deichhinterland.
Qualmdeich	Deich, der örtlich begrenztes Qualmwasser (Wasser, welches hinter dem Deich aufsteigt) abriegelt.
Ringdeich	Deich, der das zu schützende Gebiet allseitig umgibt, lenkt und auch bei Hochwasser nicht überströmt wird.
Rückstaudeich	Deich, im Mündungsbereich eines Nebenflusses, der an den Deich eines Hauptflusses anschließt und Überschwemmungen durch Rückstau verhindert.

Begriff	Erläuterung
Schlaf-deich	Deich, der keine Schutzaufgaben mehr hat.
Siel	Bauwerk mit Verschlussvorrichtungen zum Durchleiten eines oberirdischen Gewässers durch einen Deich.
Sommer-deich	(auch Überlaufdeich) Deich, der zeitweise überströmt wird.
Teilschutz-deich	Flussdeich, der in der Regel landwirtschaftlich genutzte Flächen gegen kleinere und mittlere, aber relativ häufige Hochwasser schützt.
Volldeich	Flussdeich, der gegen große und seltene Hochwasser bemessen ist.
Vorland	Über dem Mittelwasserstand (MW) liegendes Gelände zwischen Gewässerbett und Deich.

Die Abbildung 11 zeigt den Aufbau und die Begriffe eines Flussdeiches. Bau, Unterhaltung und Betrieb von Deichen und aller baulichen Anlagen regeln das Wasserhaushaltsgesetz (WHG) des Bundes und die Wasser- und Deichgesetze der Länder.

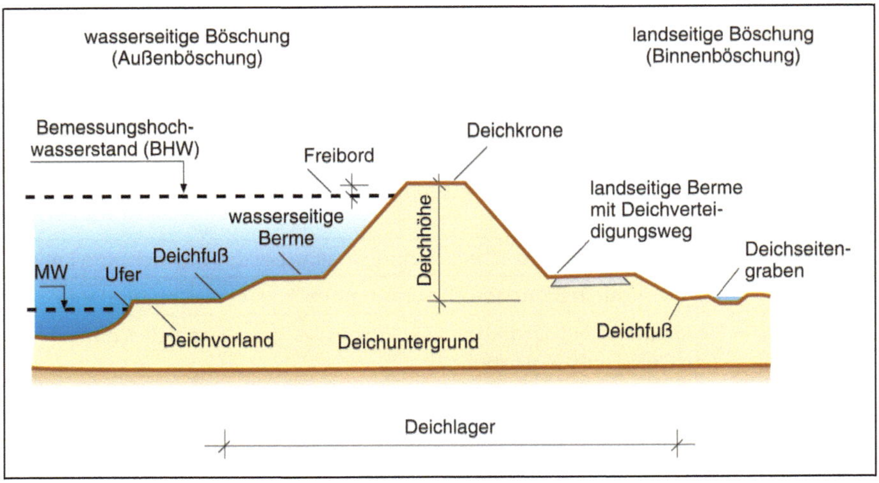

Abbildung 11: Begriffe eines Flussdeiches gem. DIN 19712 (Deichquerschnitt überhöht) (Quelle: Bartmann)

2.5.2 Deichhöhe

Die Deichhöhe bestimmt sich aus dem Schutzziel (Bemessungshochwasserstand) und dem Freibord. Der Bemessungshochwasserstand wird mit Rücksicht auf ein hinnehmbares Restrisiko so festgelegt, dass der Nutzen einer Eindeichung (Schutz von Leben und Gesundheit von Menschen, Tieren und Sachwerten) größer ist als die Kosten und die Beeinträchtigung von Natur und Landschaft. Basis der Festlegung des Bemessungshochwassers sind Abfluss- und Niederschlagsbeobachtungen für den betreffenden Raum. Methodisch erfolgt die Festlegung unter Zuhilfenahme einer Kosten-Nutzen-Untersuchung.

Der **Freibord** ist der vertikale Abstand zwischen Deichkrone und Bemessungshochwasserstand. Er soll Windstau, Wellenauflauf und Eisstau aufnehmen. Weitere Zuschläge ergeben sich aus Ausführungstoleranzen, Dichtungsanschlüssen usw. Setzungen des Deichkörpers werden in der Regel nicht durch einen Zuschlag zum Freibordmaß, sondern durch Überhöhung des Deichkörpers berücksichtigt *(siehe Abb. 12)*.

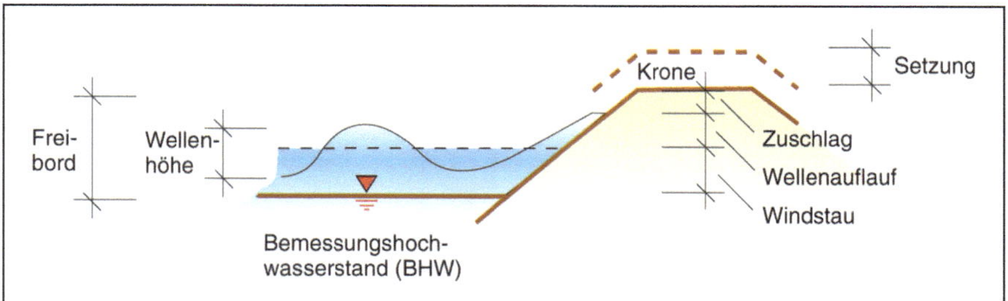

Abbildung 12: Ermittlung der Deichhöhe (Quelle: Bartmann)

2.5.3 Deichquerschnitt

Der Deichquerschnitt wird durch die

- Kronenbreite,
- Böschungsneigung und die
- Bermenanordnung bestimmt.

Merke: Berme ist ein waagerechter, vorgelagerter Absatz einer Böschung.

Der Deichkörper muss die Einwirkung aus dem Einstau in den Untergrund abtragen und dabei hinreichend dicht sein. Im Querschnitt sind **Flussdeiche** meist homogene Dämme aus einem möglichst gering durchlässigen Material. Die Abbildung 13 zeigt den typischen Querschnitt durch einen Deich.

Bei **Seedeichen** sind, sofern sie nicht nahe an der Wasserlinie (Schardeiche) stehen und deshalb wesentlich kräftiger mit Deckwerken befestigt werden müssen, der wasserseitigen Böschung Dünen und Schutzwälder vorgelagert. Dünen dienen als Wellenangriffseinrichtung und sind durch Strandhaferpflanzen gegen Winderosion und kleinere Abbrüche geschützt. Dem Schutzwald mit Sträuchern und Bäumen kommt in erster Linie die Aufgabe des Abbremsens von Wind und Sandflug zu *(siehe Abb. 14)*. Neben diesen Aufgaben soll der Küstenschutzwald den Deich auch noch dann schützen, wenn die Düne versagt hat.

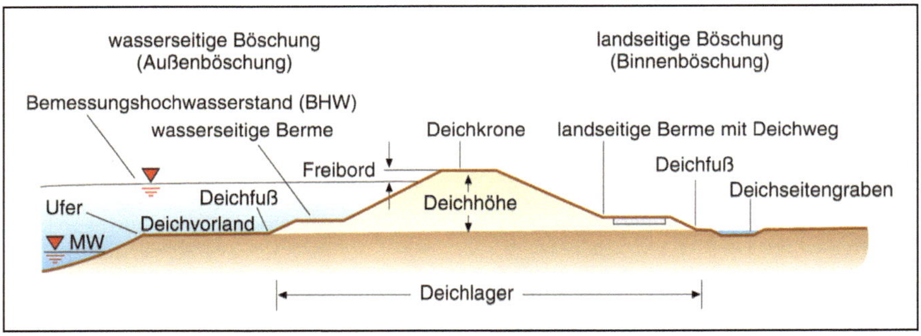

Abbildung 13: Querschnitt durch einen Flussdeich (Quelle: Bartmann)

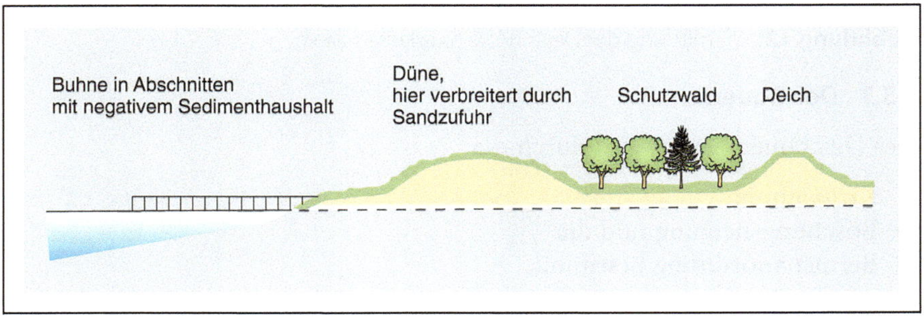

Abbildung 14: Anordnung von Düne – Schutzwald und Deich (Quelle: Bartmann)

Die genannten Forderungen werden idealerweise von einem sogenannten **Drei-Zonen-Deich** erfüllt *(siehe Abb. 15)*. Bei diesem wird wasserseitig der Boden mit der kleinsten Wasserdurchlässigkeit angeordnet, z.B. Auelehm oder andere bindige Bodenarten. Dieser Boden hat dann bei richtiger erdbaulicher Behandlung die Eigenschaften einer Dichtung. Der Schutzkörper besteht aus nichtbindigen Bodenarten und muss der Dichtung eine sichere Stützung gewährleisten. Am luftseitigen Deichfuß verhindert ein Fußfilter mit Drainage den unplanmäßigen Austritt von Sickerwasser und die daraus zu befürchtenden Erosionen des Stützkörpers.

Die Böschungen sind bei Flussdeichen wasser- und landseitig 1:3 oder flacher geneigt, bei Seedeichen wegen des Wellenschlags wasserseitig 1:6 oder flacher. Die Deichkrone sollte drei Meter breit sein, bei niedrigen Deichen reichen auch zwei Meter. Fahrwege zur Deichverteidigung sind nicht auf der Krone, sondern landseitig anzuordnen. Bermen an der Landseite erhöhen die Deichstandsicherheit und erleichtern die Unterhaltung. Sie können luftseitig bei entsprechender Breite auch befahrbar sein (Fahrberme).

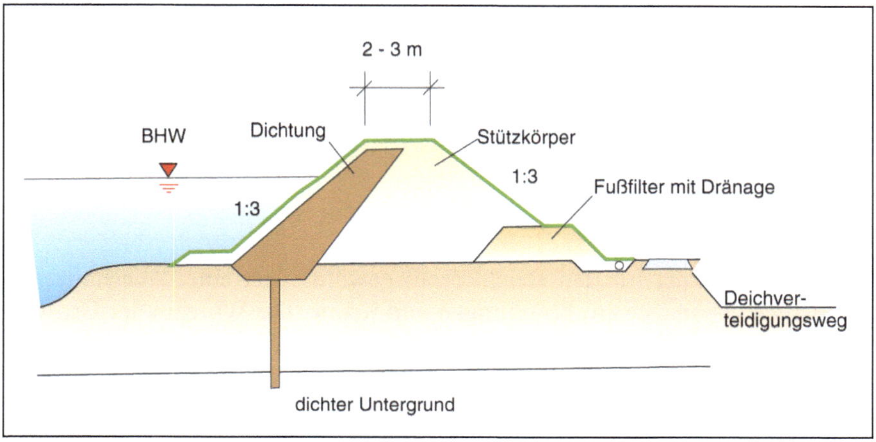

Abbildung 15: Prinzipdarstellung eines Drei-Zonen-Deiches (Quelle: Bartmann)

Zur Sickerverlängerung werden Oberflächendichtungen oft in das Vorland hinein verlängert. Diese Bauweise bietet sich an, wenn der gering durchlässige Untergrund in großer Tiefe ansteht. Durch die Sickerwegverlängerung wird die Unterströmung verringert (Reduzierung der Sickerwassermenge).

Am landseitigen Deichfuß werden **Filter** angeordnet, um die Sickerlinie nach unten zu verlagern. Ohne Filter würde die Sickerlinie etwa im unteren Drittel der Stauhöhe austreten. Zu dieser Erkenntnis ist man auch nach dem katastrophalen Oderhochwasser von 1997 gekommen. Nicht Deicherhöhungen – diese nur in geringem Umfang, sondern das Abflachen der Böschungen und der Einbau einer Entwässerungsfilterschicht am luftseitigen Deichfuß sind notwendig, um in Zukunft zu vermeiden, dass der Austrittspunkt der Sickerlinie oberhalb des luftseitigen Böschungsfußes liegt. Aus dieser Erkenntnis wurde für die Zukunft z.B. für die Oder das in Abbildung 16 dargestellte Deichprofil vorgeschlagen. Der Rhein verfügt in weiten Abschnitten in NRW bereits über ein ähnliches Profil.

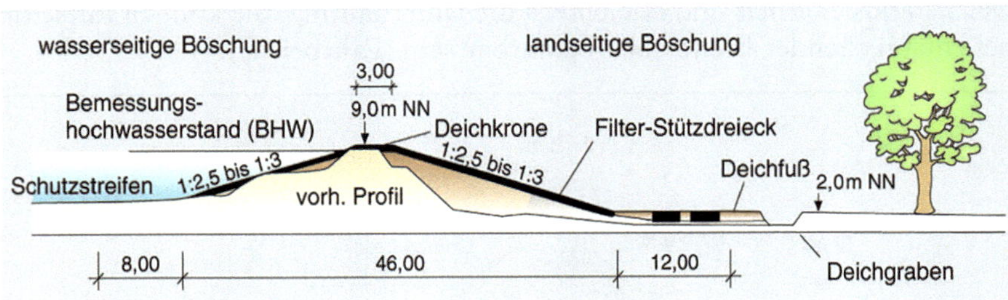

Abbildung 16: Vorschlag eines künftigen Deichprofiles an Flüssen (Quelle: Bartmann)

Den besten Schutz für den Deichkörper gewährleistet eine dauerhafte, geschlossene Grasnarbe auf Böschungen und Krone. Die Wurzeln der Grasnarbe geben einer Bodenschicht von rund 15 bis 20 cm Dicke eine Festigkeit, die der Boden allein nicht aufweist. Dadurch wird z.B. die schadlose Aufnahme von Wellen und Strömungsangriffen ermöglicht.

Die Bepflanzung mit Bäumen, Sträuchern und Hecken gefährdet dagegen die Dichtigkeit und Standsicherheit von Deichen in vielfacher Weise und ist daher nicht erwünscht. Außerdem wird die Unterhaltung durch Bepflanzungen erschwert.

2.6 Schutzbauwerke

2.6.1 Hochwasserschutzwände

Direkt am Fluss liegende Städte, Hafenanlagen und Industriegebiete können mit Deichen nicht geschützt werden, wenn der dafür erforderliche Platz fehlt. Hier sichern Hochwasserschutzwände (HSW) das hochwasserfreie Gelände bis zum Bemessungshochwasserstand (*siehe Abb. 17*). HSW sind in der Regel massive Bauwerke aus Stahlbeton mit mehr oder weniger aufwendig gestalteten Verkleidungen. Dort, wo die Vorwarnzeiten ausreichend sind und feste Hochwasserschutzwände störend wären, können mobile Konstruktionen eingesetzt werden.

Gelegentlich werden Hochwasserschutzwände auch auf den Kronen bestehender Deiche installiert, wenn diese nicht anders erhöht werden sollen. Fortwährend müssen Schutzwände ihre Wasserdrucklasten einwandfrei in den Untergrund einleiten und mit dem Untergrund und seiner Dichtigkeit eine Einheit bilden.

Abbildung 17: Hochwasserschutzwände aus Sichtbeton (RMD-Kanal in Kelheim) (Quelle: Bartmann)

2.6.2 Schutzrechen

Schutzrechen dienen dem Auffangen von Treibgut an Fließgewässern. Sie werden angebracht vor Einläufen in Kraftwerke, aber auch vor Durchlässen und im Einzelfall auch vor Brücken.

Damit wird die Gefahr der Verklausung der Öffnungen reduziert, allerdings müssen diese Anlagen insbesondere bei Starkregen mit viel Schwemmgut regelmäßig überprüft und freigehalten werden. Dafür werden an Stauanlagen bzw. Kraftwerksabzweigungen stationäre Kettenrechen oder Bagger mit Greifern eingesetzt. An den kleineren Anlagen vor Brücken sollte immer eine Zufahrt für Bagger mit Greifer mit errichtet werden, um diese bei Bedarf schnell einsetzen zu können.

Abbildung 18a bis c: Bild a) zeigt den Schutzrechen vor dem Durchlass. Der Rechen ist zu schmal und zu niedrig – und in dem Fall auch ohne Effekt, da er durch einen kurzen örtlichen Starkregen überströmt wird (b) und die anströmende Wassermenge für den Durchlass zu groß war (c) (Quelle: Dr. Cimolino)

Abbildung 19:
Deshalb sind Schutzrechen vor Durchlässen sinnvoll. Sie verhindern das sonst sehr schnell erfolgende Verlegen (Verklausen) des Durchlasses, wie hier an einem Durchlass ohne Rechen (Quelle: Wolfgang Beißmann, Pfarrkirchen)

2.7 Digitale Geländemodelle

Um exakte Planungsdaten zu erhalten, erheben die Verwaltungen der Bundesländer seit vielen Jahren digitale Geländedaten von potenziellen Überschwemmungsgebieten. Z.B. können mit speziell ausgerüsteten Flugzeugen alle überflutungsgefährdeten Flächen aufgenommen werden. Eine Spezialkamera nimmt zunächst Luftbilder senkrecht nach unten auf. Lage und Höhe der Landschaft werden dabei zentimetergenau erfasst. Diese Daten werden dann ausgewertet und mit dem Computer zu einem genauen Geländerelief zusammengesetzt. Mit Hilfe von hydraulischen Rechenmodellen simulieren die Fachleute verschiedene Hochwasserabläufe und ermitteln so eine Wasserspiegelberechnung und daraus resultierende Überschwemmungsfläche.

Für Berechnungen müssen die „realen Verhältnisse" am Fließgewässer unter Vereinfachung in ein mathematisches Modell umgesetzt werden. Solche ein- oder mehrdimensionalen Modelle lassen sich nur mit EDV-Unterstützung berechnen. Zur Wasserspiegelberechnung kommen immer häufiger digitale Geländemodelle zum Einsatz *(siehe Abb. 20 und 21)*.

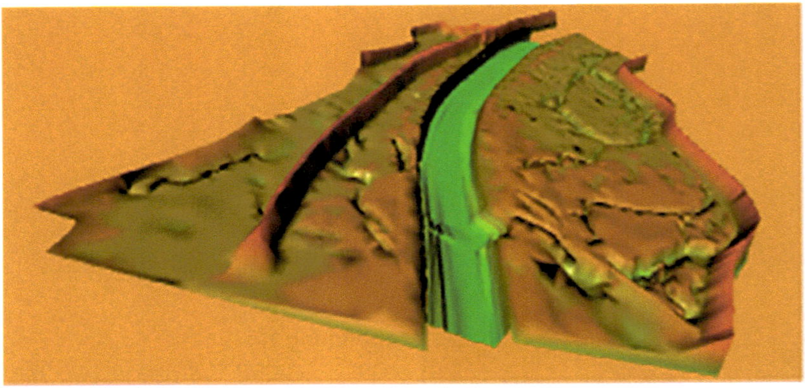

Abbildung 20: Digitale Geländemodelle – hier ohne Wasserspiegel – gibt es schon einige Jahre. Sie sollten vermehrt auch für die Gefahrenabwehr bzw. -vorbeugung genutzt werden (Quelle: Bayerisches Landesamt für Wasserwirtschaft)

Die aus dem digitalen Geländemodell erzeugten Vorlandquerschnitte werden anschließend mit den manuell vermessenen Flussquerprofilen zu einem kompletten Talquerschnitt zusammengefügt. Davon profitieren künftig auch die Katastrophenschutzeinheiten, da sich sehr exakt vorhersehen lässt, welche Gebiete bei bestimmten Abflussmengen überschwemmt werden und welche Vorkehrungen dafür zu treffen sind.

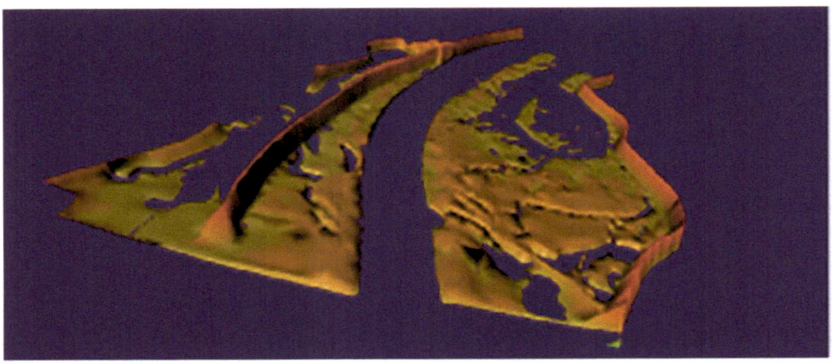

Abbildung 21: Digitales Geländemodell mit Wasserspiegel (Quelle: Bayerisches Landesamt für Wasserwirtschaft)

2.8 Prognosen – Wetter, Wasserstände

Digitale Modelle der Wettervorhersage und Pegelstände gibt es eine Vielzahl. Im Anhang *(siehe Zusatzinformationen im Download-Bereich)* befinden sich hierzu Auszüge aus dem Einsatzleiterhandbuch mit verschiedenen Links (Cimolino, 2024).

Beachten Sie, dass regionale Wetterentwicklungen völlig anders sein können als die „grobe" Vorhersage in den Nachrichten für Deutschland (z.B. Tagesschau, heute usw.)!

Insbesondere punktuelle Starkregenniederschläge in hügeligem oder bergigem Gelände können hier schnell lokal Großschadenslagen oder sogar Katastrophen auslösen, die wenige Kilometer weiter ohne direkte Effekte sein können.

Abbildung 22: Zerstörte Infrastruktur durch lokales Starkregenereignis als Großschadenslage bzw. Katastrophe im südlichen Bereich des Landkreises Rottal-Inn mit verheerenden Folgen v.a. in Simbach/Inn, 2016
(Quelle: Wolfgang Beißmann, Pfarrkirchen)

Abbildung 23: Überflutungen in Herrstein, überschwemmtes Feuerwehrgerätehaus. Eher punktuelles größeres Schadensereignis im Jahr 2018
(Quelle: Klaus Wendel, Herrstein)

Abbildung 24: Bundeslandübergreifendes Schadensereignis von katastrophalen Ausmaßen durch Starkregen in NRW und v.a. in RLP durch das Tief Bernd (Vb-Wetterlage) im Sommer 2021. Flächendeckende Verwüstungen wie hier in Dernau. Insgesamt mindestens 189 Tote
(Quelle: Jürgen Riske, Dernau)

Bei kleinräumigen, insbesondere in Hügel- bzw. Bergbereichen hochdynamisch verlaufenden Einsatzlagen im Umfeld von Starkregen ist eine konkrete Vorwarnung nur kurzfristig und nur über die lokale Überwachung der Gewässer, insbesondere auch der kleineren (3. Ordnung) möglich!

Für Gemeinden bedeutet dies:

- die nötigen Investitionen in die Technik (Messtechnik, Zugänge dafür schaffen, Software)
- die Sicherstellung der funktionellen Betreuung (Freischneiden der Messpunkte, entfernen von Schwemmgut, Reparaturen usw.)
- die organisatorische Einbindung der Messwerte in ein Maßnahmenmodell.

Abbildung 25:
Die sensorgesteuerte Überwachung von Gewässern ermöglicht eine automatisierte Vorwarnung vor Sturzfluten. Auch das Entstehen von Verklausungen kann hier detektiert werden, weil hier bei relativ geringen Niederschlägen an konkreten Sensoren (z.B. vor Brücken bzw. Durchlässen) einzelne starke Anstiege zu sehen sind. Hier eine Verklausung am Madlbach in Pfarrkirchen, die eine Warnung nur an dem Sensor auslöste. Durchlassrohre selbst sind nur halb belegt, der Anstau ist etwas oberhalb. Hier bereits teilweise durch den Verfasser beseitigt (Quelle: Dr. Cimolino)

2.9 Selbstkontrolle und Testfragen

(Lösungen siehe Seite 123)

1. Was zählt zum Begriff Hochwasser?

a) Quellwasser.
b) Sturzfluten.
c) Überschwemmungen aus Starkniederschlägen.
d) Sturmfluten.
e) Flussüberschwemmungen.

2. Was versteht man unter einem Hochwasserscheitel?

a) Die Dauer vom Anstiegsbeginn bis zum Abstiegsende eines Hochwassers.
b) Die Hochwasserabflusssumme als Abfluss während eines Hochwassers.
c) Den Gipfelpunkt des Wasserstandes oder Abflusses beim Durchgang einer Hochwasserwelle.

3. Was ist der Unterschied zwischen einem Damm und einem Deich?

a) Deiche werden nicht regelmäßig eingestaut.
b) Dämme haben immer eine Dichtung.
c) Deiche haben keine Dichtung.
d) Deiche haben, abhängig vom ortsüblichen Baustoff, eine Dichtung.

4. Welche negativen Auswirkungen haben Ufermauern auf das Hochwassergeschehen?

a) Anstieg der Fließgeschwindigkeiten.
b) Erhöhter Feststofftransport der Strömung.
c) Windstau.
d) Verringerung des Fließquerschnittes.

5. Welche Folgen hat ein Hochwasserschutzdeich für die Unteranlieger?

a) Reduzierung der Abflüsse.
b) Erhöhung der Abflüsse.
c) Erhöhung der Wasserstände.
d) Schadensmehrung.

6. Was versteht man unter einer Hochwasserschutzlinie?

a) Grenze von Hochwasserschutzmaßnahmen.
b) Bereich für eine Evakuierung.
c) Bebauungsgebiet an Flüssen.
d) Trennung zwischen überschwemmten und hochwassergeschützten Bereichen.

7. Welche Maßnahmen zählen zum natürlichen Hochwasserschutz?

a) Auenschutz.
b) Hochwasserspeicher.
c) Reaktivierung natürlicher Rückhalteräume.
d) Gewässerpflege und Renaturierung.

8. Welche Faktoren bestimmen den Deichquerschnitt?

a) Bermenanordnung.
b) Böschungsneigung.
c) Kronenbreite.
d) Freibord.

9. Welchem Zweck dient der Freibord zwischen Deichkrone und Bemessungshochwasserstand?

a) Verstärkung der Deichkrone.
b) Windstauaufnahme.
c) Aufnahme des Wellenauflaufes.
d) Aufnahme von Eisstau.

3 Präventive Maßnahmen

Der Hochwasserschutz fußt auf mehreren Säulen, die Wechselwirkungen aufeinander haben, bzw. insbesondere beim natürlichen Hochwasserschutz (bzw. der Wiederherstellung desselben) und beim baulichen Hochwasserschutz z.T. nahtlos ineinander übergehen.

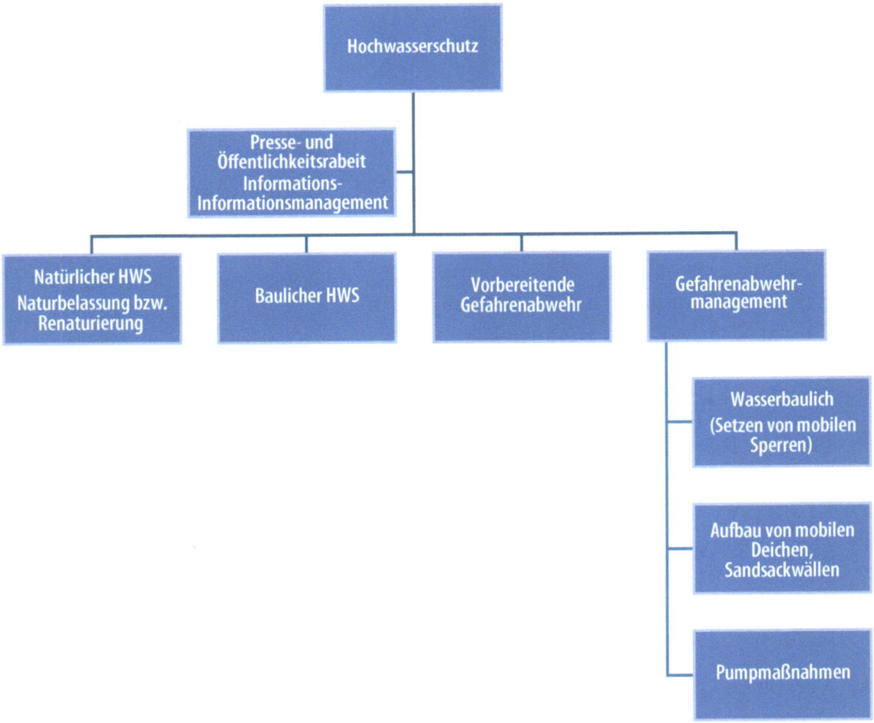

Abbildung 26: Aufbau des Hochwasserschutzes (Quelle: Bartmann/Dr. Cimolino)

Das **Informationsmanagement** in jeder Phase ist die Basis der Presse- und Öffentlichkeitsarbeit und betrifft natürlich alle Bereiche. Nur gut kommunizierte Maßnahmen werden verstanden und – soweit die Bevölkerung davon betroffen ist – auch befolgt.

Der **natürliche Hochwasserschutz** umfasst sowohl die Belassung der natürlichen Möglichkeiten (von Wald oder Mooren als Wasserspeicher, über unbegradigte Wasserläufe bis zu daran anliegenden natürlichen Retentionsflächen), wie auch deren Wiederherstellung mit baulichen Mitteln in einen (vorherigen) natürlichen Zustand.

Zur **baulichen Vorsorge** gehören die in Kapitel 2 angesprochenen baulichen Maßnahmen, wie z.B. die künstliche, aber naturnahe Gestaltung der Fließgewässer, Hochwasserrückhalteräume und der Bau von Hochwasserschutzdeichen. Die Feuerwehr hat auf diese Maßnahmen wenig oder keinen Einfluss.

Die vorbereitende Gefahrenabwehr umfasst mit der Organisations- und Verhaltensvorsorge zum einen die Einrichtung und Bereithaltung der erforderlichen Organisationsstrukturen und Einsatzkräfte und zum anderen die Aufklärung der Bevölkerung, insbesondere der Gewässeranlieger über das richtige Verhalten bei Hochwasser.

Als vierte Säule eines wirksamen Hochwasserschutzes dient das **Maßnahmenmanagement**, auf das im Rahmen dieser Broschüre ausführlicher eingegangen wird. Zum Maßnahmenmanagement gehören alle Schutzmaßnahmen, die während eines Hochwassers durchgeführt werden müssen. Der Erfolg hängt jedoch in starkem Maße davon ab, wie wirkungsvoll die Bauvorsorge und die Organisations- und Verhaltensvorsorge im Vorfeld waren. Wichtigste Bezugsgröße aller Maßnahmen sind die **Hochwasserpegel.**

Die zu treffenden Maßnahmen können in eine **Trocken-** und eine **Nassphase** unterteilt werden. Werden Handlungen der Trockenphase in der Nassphase erforderlich, hat dies seinen Ursprung vielfach in fehlerhafter oder ungenügender Bau- und/oder Organisationsvorsorge.

3.1 Bereitstellung und technische Vorhaltung

Hochwassereinsätze sind immer sehr zeitintensiv und oft logistisch herausfordernd. Deshalb sind bezüglich der Bereitstellung von Personal, Material und Verpflegung einige Besonderheiten zu berücksichtigen, die jeder Einsatzkraft bekannt sein sollten.

3.1.1 Personal

Der Personaleinsatz ist kontinuierlich zu planen. Den Einsatzkräften müssen angemessene Ruhezeiten zugestanden werden; dies erfordert in aller Regel überörtliche Hilfe zur Ablösung der eingesetzten Kräfte. Leider entsprechen die Medienberichte, wonach Einsatzkräfte „bis zur Erschöpfung gegen die Fluten ankämpfen“, auch heute noch der Realität. Gleichzeitig gibt es häufig Beschwerden, dass überörtlich alarmierte Kräfte zu lange (gefühlt sinnlos) im Bereitstellungsraum standen. Die Einsatzleitung muss den Kräfteansatz ausgewogen und rechtzeitig planen – und dann auch den Austausch durchführen.

Speziell bei Großschadenslagen lassen sich Wartezeiten in Bereitstellungsräumen nicht immer vermeiden. Es gehört deshalb zur Einsatzvorsorge, die Kräfte auf das Warten einzustimmen. Feuerwehrangehörige haben, anders als z.B. die Kameraden des THW, damit häufig ein Problem, weil sie meist nach dem Motto „hinfahren – löschen – heimfahren“ agieren. Beim Hochwassereinsatz funktioniert das aber in aller Regel nicht. Schon der Ratschlag, Kartenspiele und dieses Heft in das Gepäck zu legen, kann den Frust „vor Ort“ mildern (vgl. Cimolino/Bräutigam, 2023).

3.1.2 Material

Das Einsatzgeschehen verteilt sich auf extrem viele, oft räumlich weit verteilte und wegen der Einsatzlage oft nur noch schwer zugängliche Stellen. Da eine Vielzahl davon gleichzeitig bearbeitet werden soll/muss, sind große Mengen an Material (insbesondere Pumpen, Schläuche und Notstromaggregate) erforderlich. Die Vorhaltung dieser Gerätschaften in Katastrophenschutzlagern hat sich bewährt und soll weiter ausgebaut werden.

Die in den Feuerwehren vielfach vorhandenen Tragkraftspritzen, besonders TS 8/8, sind oft aufgrund ihres Alters technisch nicht mehr für langanhaltende Einsätze geeignet (*siehe Abb. 27*). Außerdem eigenen sie sich nur für das Pumpen von Wasser ohne Festkörper. Im Hochwassereinsatz befinden sich aber sowohl viele Vegetationsreste, Müll, wie auch Sand und Steine im zu pumpenden Wasser. Dies führt bei den Feuerlöschkreiselpumpen zu hohen Ausfallzeiten. Stattdessen müssen hier leistungsfähige Schmutzwasserpumpen mit einer der jeweiligen Lage angepassten Nennfördermenge von oft mehreren tausend Liter/min nebst erforderlichen Armaturen, Schläuchen und Schlauchaufnahmegerät, verlastet auf Wechselcontainern, vorgehalten und transportiert bzw. erst noch beschafft werden.

Viele dieser Pumpen sind elektrisch angetrieben. Hier sind dann auch ausreichend viele mobile Stromerzeuger mit ausreichenden Leistungen mit vorzuhalten!

Abbildung 27: Feuerwehrpumpen wie Tragkraftspritzen erleiden im Hochwassereinsatz sehr starken Verschleiß oder fallen aus. Sie müssen dann ggf. noch vor Ort repariert werden. Dazu müssen die defekten Geräte eingesammelt, gleichzeitig durch andere ersetzt und zu einer Sammelstelle mit Werkstatt transportiert – und nach der Reparatur wieder an den Eigentümer verteilt werden. Hier über Einheiten der Feuerwehr, der Bundeswehr und vom THW beim Hochwasser im Sommer 2002 (Quelle: Dr. de Vries, Hamburg)

3.1.3 Verpflegung

Die Verpflegung ist neben der Bereitstellung von Material eine logistische Herausforderung. Eine zentrale Organisation der Verpflegung ist nur mit Einschränkung zu empfehlen. Besser sind kleinere autarke Einheiten, wobei die Leistungsgrenze von üblichen Feldküchen mit etwa 400 Personen erreicht ist. Von einer Eigenverpflegung der Feuerwehr über einen längeren Zeitraum als 24 Stunden ist abzuraten. Nicht zuletzt deshalb, weil Fahrzeuge und Mannschaften dann für andere Aufgaben fehlen. Hier ist auf bestehende Einheiten (z.B. Hilfsorganisationen, THW, Bundeswehr usw.) zurückzugreifen.

In jedem Fall müssen die Verpflegung und v.a. Getränke die Einsatzkräfte bei Bedarf auch vor Ort im Einsatzgeschehen erreichen können. Dafür braucht man Transportbehälter (z.B. Warmhaltebehälter und Kühlboxen) und auch geeignete Transportfahrzeuge, oder gar Boote, die ggf. auch in überschwemmte Bereiche fahren können, wenn sich dort Einsatzkräfte aufhalten.

Probleme können entstehen, wenn unbekannte Anzahlen von Firmen bzw. Zivilpersonen in Einsätze eingebunden sind und diese – zu Recht – während der Essenszeiten ihren Anspruch auf eine Mahlzeit und Getränke anmelden. Den Verantwortlichen obliegt es, hier rechtzeitig geeignete Maßnahmen (z.B. Verteilung von Chips) zur Erfassung des Verpflegungsbedarfs zu ergreifen.

3.1.4 Straßenreinigung und Abfallentsorgung

Alle voraussichtlich vom auflaufenden Hochwasser betroffenen Straßen sind möglichst vor dem Eintreffen der Welle noch zu reinigen, um zu verhindern, dass Schmutzstoffe in das Gewässer gelangen. Ein besonderes Augenmerk ist den öffentlichen Abfallbehältern und natürlich auch privaten und gewerblichen Müllbehältern aller Art zu widmen. Sie sind entweder hochwassersicher abzustellen oder ggf. zu entfernen.

Gleiches gilt für alle schwimmfähigen Gegenstände (z.B. Holz, Bau- und Campingwagen, Container), die sich im hochwassergefährdeten Bereich befinden.

Die Feuerwehren können im Rahmen der Amtshilfe bei diesen Tätigkeiten sehr oft die zuständigen kommunalen Einrichtungen unterstützen, soweit es das sonstige Einsatzgeschehen erlaubt.

Nach dem ablaufenden Hochwasser bzw. der Sturzflut müssen meist große Mengen Müll entsorgt werden. Hier kann eine frühe Trennung zumindest größerer Müllsorten (Schrott, Bauschutt, Holz, Kunststoff usw.) z.B. an zentralen (Zwischen-)Sammelstellen die Entsorgung vereinfachen und preiswerter gestalten.

3.1.5 Tanksicherung

Die Schäden durch auslaufendes Heizöl oder die Freisetzung anderer wassergefährdender Stoffe (z.B. Öl- und Benzinkanister in Garagen, Gastanks oder -behälter) führen zu den unangenehmsten, teuersten und am längsten anhaltenden Auswirkungen eines Hochwassers.

Anwohner in den hochwassergefährdeten Räumen sind aus diesem Grund über die Medien beizeiten und eindringlich (Haftung!) daran zu erinnern, dass sie durch geeignete Maßnahmen Tankanlagen sichern und bewegliche Behälter in Obhut bringen, soweit das noch möglich ist. Soweit es z.B. bei alleinstehenden und älteren Bürgern erforderlich ist, sollen diese Maßnahmen, die sich in der Regel auf das Verkeilen der Tanks beschränken, durch die Feuerwehr oder das THW unterstützt werden.

Ist die Sicherung oder Entleerung von Tanks nicht mehr möglich, werden Tanks aufschwimmen, abreißen und umkippen. In der Folge wird der Inhalt freigesetzt. Gas strömt dann aus und lagert sich je nach Gasart z.B. als Schwergas an tieferen Stellen (Keller!) ab. Heizöl tritt aus, schwimmt auf dem Wasser, wird von vielen Baumaterialien (Putz, Farbe, Ziegel, Holz usw.) aufgenommen und ist daraus praktisch nicht mehr zu entfernen. Um eine Schadenausweitung zu verhindern,

- müssen vor bzw. beim Betreten von tieferliegenden Räumen Schadenstoffmessungen bzw. Ex-/Ox-Messungen durchgeführt werden,
- muss ggf. Atemschutz getragen werden,
- müssen ggf. nur geeignete Werkzeuge (ex-geschützt) verwendet werden,

- müssen ggf. Lüftungsmaßnahmen umgesetzt werden,
- muss freischwimmendes Öl aufgenommen bzw. Öl-Wasser-Gemische separiert werden. Hierfür bietet es sich an, überregional entsprechend ausgestattete und ausgebildete Einheiten vorzuhalten, wie das auch in Bayern mit den Ölschadenskontingenten seit Jahrzehnten der Fall ist. (Diese Einheiten waren nun schon mehrfach auch in anderen Bundesländern erfolgreich im Einsatz.)

3.1.6 Sperrung von Straßen

Die rechtzeitige Sperrung durch die jeweiligen Straßenbaulastträger soll verhindern, dass die ohnehin schon eingeschränkten Verkehrsmöglichkeiten durch den Individualverkehr überlastet werden. Nach Möglichkeit sind Straßen im Grenzbereich des zu erwartenden Hochwassers nur noch für „Anlieger" freizugeben, um das Einfahren von Schaulustigen zu verhindern. Unmittelbar nach den Absperrmaßnahmen ist kontinuierlich zu prüfen, ob Zufahrten für Feuerwehr- und Rettungsfahrzeuge frei sind. Zuwiderhandlungen sind durch die nach Landesrecht vorgesehenen Maßnahmen (Abschleppen) energisch zu verfolgen.

Soweit private Helfer eingesetzt werden bzw. sich erkennbar Helferströme aus solchen entwickeln, müssen für diese in einiger Entfernung ausreichend große und (gegen Hochwasser) sichere Parkflächen geschaffen werden. Von dort ist dann ein Bus-Pendelverkehr an die Schadensstellen mit Helferbedarf koordiniert einzurichten.

3.1.7 Feuerwehr- und Rettungsdienstanpassung

Herkömmliche Fahrzeuge des Rettungsdienstes sind für überflutete Straßen und Flächen nicht vorgesehen und deshalb in der Regel ungeeignet. Es ist deshalb dafür Sorge zu tragen, dass geeignete, watfähige Fahrzeuge rechtzeitig angefordert werden. Sanitätsfahrzeuge der Bundeswehr sind aufgrund ihrer Bauweise bis zu bestimmten Wassertiefen sehr gut geeignet. Aber auch hier unterscheiden sich die tatsächlichen Möglichkeiten, je nach konkretem Fahrzeug(typ) bzw. dessen technischer Ausgestaltung sehr stark.

Abbildung 28: Die technischen Fähigkeiten der Fahrzeuge in Bezug auf Wat- bzw. Wasserdurchfahrtsfähigkeit müssen den Maschinisten und Führungskräften ebenso bekannt sein wie die Grundlagen für die Wasserdurchfahrt (ganz langsam, ggf. mit Einweiser) (Quelle: Dr. Cimolino)

Eine andere Möglichkeit besteht darin, an den Randgebieten einer Überflutung geeignete Lastkraftwagen (z.B. Privatfirmen, kommunaler bzw. kreiseigener Katastrophenschutz oder THW) in Bereitschaft zu halten, um zumindest den Transport von Rettungsdienstpersonal und den wichtigsten Gerätschaften (Notfallkoffer, Defibrillator usw., aber auch Brandbekämpfungs- bzw. THL-Material) für Einsatzstellen in überfluteten Teilen zu gewährleisten. Das Vertrauen auf einen Rettungshubschrauber (RTH) kann im Ernstfall zum Fehlschlag führen, da Lufttransportmittel gerade bei Hochwasserlagen ohnehin stark gebunden und nicht immer verfügbar bzw. bei anhaltender Schlechtwetterproblematik oft nicht flugfähig sind.

Ist das Befahren mit geländegängigen Straßenfahrzeugen nicht mehr möglich, müssen rechtzeitig Boote für den Rettungsdienst und die Feuerwehr bereitgestellt werden. Ein Abzug bereits eingesetzter Boote ist aus Zeitgründen ungeeignet. Vielmehr sollten separate Boote mit den erforderlichen Geräten beladen werden und in Bereitstellungsräumen abrufbar sein.

Abbildung 29:
Das MZB der Feuerwehr hat sich hier mitten in einer Wohnsiedlung in Dernau auf einem Zaun im Vorgarten festgefahren. Das zur Hilfeleistung eingesetzte zweite MZB geriet beim Befreiungsschleppversuch ebenfalls in eine gefährliche Notlage
(Quelle: Jürgen Riske, Dernau)

Abbildung 30:
Ein Berührungsschutz gem. UVV Taucherarbeiten § 14 (6) verhindert die sofortige Beschädigung der Schraube schon beim ersten Kontakt mit einem festen Hindernis
(Quelle: Dr. Cimolino)

Beim Befahren von überfluteten Bereichen mit Booten ist auf den Schutz des Rumpfes (keine Schlauchboote mit ungeschützten Rümpfen bzw. Einkammer-Tragschläuchen verwenden!) und der Schrauben zu achten, wenn in überfluteten Bereichen mit Hindernissen (z.B. Verkehrsschilder, Zäune usw.) gefahren werden soll.

3.1.8 Stromversorgung

Bei einem Hochwasserereignis müssen aus Sicherheitsgründen in den betroffenen Bereichen meist Stromabschaltungen erfolgen, wenn versorgungstechnische Einrichtungen unter Wasser geraten. Werden nur vereinzelte Gebäude überflutet, können diese isoliert von der übrigen Bebauung abgeschaltet werden. Sind allerdings mehrere Bauwerke betroffen, so müssen häufig Straßenzüge komplett vom Netz getrennt werden. Erfolgen diese Maßnahmen rechtzeitig, können eventuell durch den Energieversorger Anschlusskästen außerhalb der überfluteten Bereiche für die Notstromversorgung aufgestellt werden.

Unabhängig davon sollten für die Einsatzmaßnahmen der Hilfsorganisationen autonome Notstromaggregate in ausreichender Anzahl und Leistungsfähigkeit inkl. des nötigen Zubehörs (Kabel, Verteiler) bereitgestellt werden. Es ist damit zu rechnen, dass die genannten Ersatzlösungen in der Regel schon durch die Anwohner verstärkt in Anspruch (Pumpen, Licht, elektrische Heizstrahler, Ladegeräte usw.) genommen werden und ihre Leistungsgrenzen schnell erreichen.

3.1.9 Stegbau

Zur Aufrechterhaltung des Fußgängerverkehrs zu den vom Wasser eingeschlossenen Häusern sind **Stege** die beste Verbindung, da damit die Gebäude jederzeit zugänglich sind. Auch Krankentransporte sind mit Einschränkung über einen Steg vorteilhafter als über Boote.

Der Aufbau von Stegen in demnächst überfluteten Straßenzügen wird normalerweise durch Bedienstete der kommunalen Betriebe oder durch Privatfirmen im Auftrag der zuständigen Kommune durchgeführt. Die Feuerwehr sollte nach Möglichkeit in diese Aufgabe nicht involviert werden, da sie zu diesem Zeitpunkt bereits für andere Dienste benötigt wird und es sonst zu personellen Engpässen kommen kann. Das THW ist außerdem für diese Maßnahme besser ausgebildet und z.T. auch ausgestattet.

Abbildung 31:
Probleme durch Schaulustige auf Hochwasserstegen (Altstadt von Regensburg, 2002)
(Quelle: Obermeier)

In der Vergangenheit wurden häufig Stege durch Schaulustige blockiert *(siehe Abb. 31)*. Um dies zu verhindern, hat in Absprache mit dem Einsatzleiter der Polizei eine rechtzeitige Sperrung der Stege durch Einsatzkräfte der Polizei zu erfolgen. Zutritt haben dann lediglich Anwohner und Einsatzkräfte sowie andere Helfer. Soweit „ungebundene Helfer" in eigentlich für Zivilpersonen gesperrten Bereichen eingesetzt werden sollen, müssen diese Personen (ggf. auch nur für bestimmte Bereiche) als zugangsberechtigt gekennzeichnet werden (Ausweis, Schild, Armbinde usw.). Die Besatzung der Sperrstellen ist entsprechend zu informieren.

3.1.10 Gebäudesicherung

Primär ist sicherzustellen, dass

- ankommendes Wasser frei – am Gebäude vorbei – abfließen kann,
- Gullyeinläufe frei von Spülgut (Vegetationsreste, Kies usw.) gehalten werden,
- Verklausungen vor Durchlässen (z.B. an Geländeeinfahrten) beseitigt werden.

Das rechtzeitige Lenken von Oberflächenwasser am Gebäude vorbei (z.B. mit einem niedrigen Sandsackwall, *siehe Abb. 32*), das Abdichten vorhande-

Abbildung 32:
Auch kleinere Sandsackwälle müssen sinnvoll und zielgerichtet errichtet werden, sonst ist das nur eine Material- und Zeitverschwendung! (Quelle: Wolfgang Beißmann, Pfarrkirchen)

ner Öffnungen (Kellerfenster und -schächte, Türen, Fenster) an Gebäuden verhindert das Eindringen von Oberflächenwasser. Je sorgfältiger diese Gebäudesicherung in der Trockenphase vorgenommen wird, umso geringer sind die Schäden und der damit verbundene Arbeitsaufwand nach Rückgang des Hochwassers.

In Abbildung 33 wird beispielhaft dargestellt, wie Tür- und Fensteröffnungen mit vorgefertigten Hochwasserschutzschildern ohne Befestigungsschienen abgedichtet werden können. Die Konstruktionen bestehen in der Regel aus Wandelementen (Platten, Tafeln) aus Aluminium, Stahlblech oder Holz, die vor der abzusperrenden Öffnung angebracht werden.

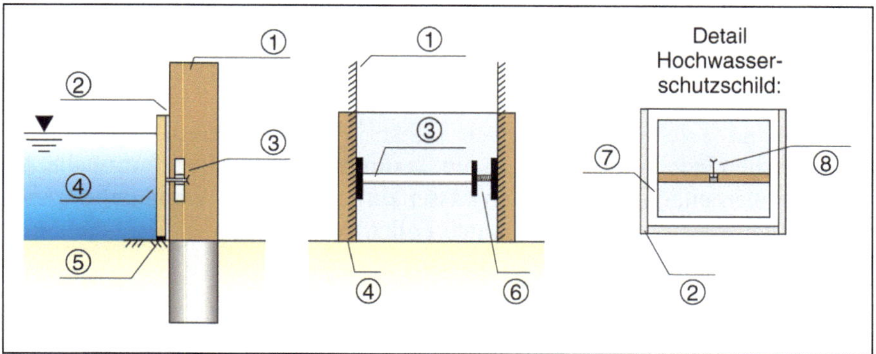

Abbildung 33: Türverschluss ohne Befestigungsschienen (Quelle: Bartmann)

①	= Türrahmen	②	= Dichtungsprofil
③	= Exzenter	④	= Hochwasserschutzschild
⑤	= Bodendichtung	⑥	= Schraubvorrichtung
⑦	= Rahmen	⑧	= Flügelschraube

Auf der nachfolgenden Seite wird in der Abbildung 34 das Prinzip einer Türverschlusseinrichtung mit Befestigungsschienen ausführlich dargestellt.

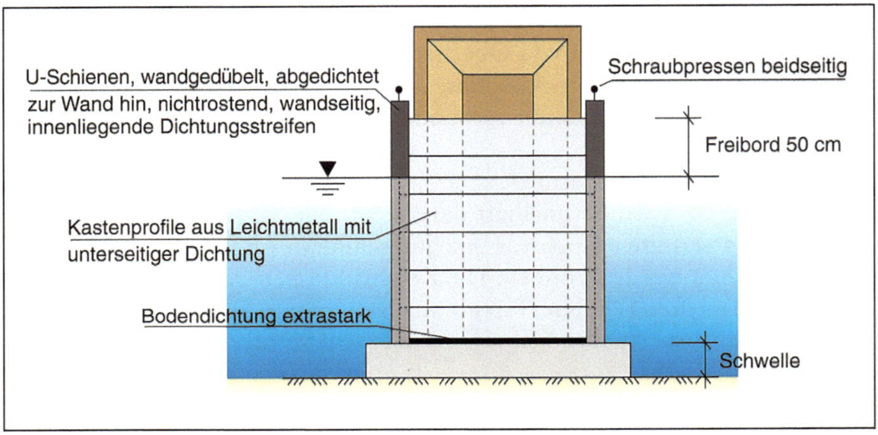

Abbildung 34: Türverschluss mit Befestigungsschienen (Quelle: Bartmann)

Häufig sind solche Vorkehrungen selbst in wiederkehrend überfluteten Landstrichen jedoch nicht vorhanden. Dann muss auf unkonventionelle Art versucht werden, das Oberflächenwasser zurückzuhalten. Wenn dabei neben den obligatorischen Sandsäcken auch Folien verbaut werden, sind die damit erzielten Erfolge schon recht akzeptabel.

3.1.11 Hochwasserschutzwände

Hochwasserschutzkonstruktionen, die erst bei einem Hochwasserereignis aufgebaut werden, ergänzen Deiche und Schutzmauern in Bereichen, wo eine dauerhafte Konstruktion nicht möglich oder nicht gewünscht wird.

Es wird zwischen **beweglichen** und **mobilen** Hochwasserschutzkonstruktionen unterschieden. Bewegliche Konstruktionen befinden sich ständig vor Ort und sind in den hochwasserfreien Zeiten in Nischen oder Aussparungen eingebaut. Mobile Schutzsysteme müssen nach Überschreiten der Alarmierungsschwelle vom Lager zur Einsatzstelle transportiert und dann aufgebaut werden. Nach dem Hochwasser erfolgt der Abbau und der Rücktransport zum Lager.

In dieser Broschüre werden lediglich die **mobilen Systeme** angesprochen, da die zwar beweglichen, aber größeren fest verbauten Konstruktionen i.d.R. von Bautrupps z.B. der Kanal- und Wasserbauämter oder den Eigentümern bzw. Pächtern der betreffenden Liegenschaften eingesetzt bzw. geschlossen werden.

Auch bei den mobilen Systemen gibt es Unterschiede:

- Baulich vorbereitete Sperrbereiche *(siehe Abb. 35)* oft erheblicher Größe und Gewichte. (Diese werden immer nur lokal für die Kommune oder den Flussbereich eingelagert und i.d.R. nicht von Einheiten der Gefahrenabwehr, sondern von Kollegen aus den Bauhöfen der Kommunen bzw. Wasserbauämter usw. installiert.)
- Transportable Sperrelemente, die je nach Bauart für unterschiedliche Längen und Staubereiche vorgesehen sind (*siehe Abb. 36–39*).

Abbildung 35:
Hochwasserschutzwand mit Durchfahrt, die mit genau dafür beschafften und eingelagerten mobilen Sperrelementen geschlossen werden kann. Sind die Anschlussbereiche der Dichtung zum Boden oder den Wänden beschädigt, muss ggf. mit Dichtmaterial (Folien + Sandsäcke) nachgearbeitet werden (Quelle: Dr. Cimolino)

Hochwasserschutzwände mit Sandsäcken zu bauen ist eine Möglichkeit *(siehe Kap. 3.1.12)*, allerdings auch die mit dem größten Zeit- und Personalaufwand. Aus diesem Grund gibt es schon längere Zeit bewährte Ersatzsysteme.

Sie lassen sich nach ihrer Abdichtungsmethode in befüllbare Deichsysteme und Verfahren mit Außendichtung unterscheiden. Bei den befüllbaren Systemen werden Behältnisse mit Sand oder Wasser aufgefüllt. Durch das Eigengewicht der Füllung passt sich der flexible Behälterkörperboden an den vorhandenen Untergrund an. Die Dichtigkeit wird durch das Behältnis selbst oder durch eine wasserundurchlässige Folie erreicht, auf welcher der Behälter steht und die nach dem Aufbau des Systems hochgeschlagen wird *(siehe Abb. 36 und Zusatzinformationen im Download-Bereich)*.

Abbildung 36: Mobiles Hochwasserschutzsystem zum Auffüllen, wie es sie so oder ähnlich seit vielen Jahren gibt (Quelle: Bartmann)

Abbildung 37a und b: Mobiles System, das mit Wasser oder Sand von oben gefüllt werden kann und sowohl als Einzelelement (auch zum Wassertransport, z.B. Ertüchtigung von Pickups zur Vegetationsbrandbekämpfung), oder als verbundene Sperren eingesetzt werden kann (Quelle: Dr. Cimolino)

Abbildung 38: Mobiles System aus Doppelkammerschläuchen, hier zum leichteren Aufbau zuerst mit Luft gefüllt. Es ist in verschiedenen Durchmessern (vorn ca. 40 cm, hinten ca. 100 cm) erhältlich. Nach dem Aufbau wird die Sperre mit Wasser gefüllt (Quelle: Dr. Cimolino)

Abbildung 39: Im Vordergrund feste Sperren (NOAQ Boxwall) in verschiedenen Höhen aus kombinierbaren Einzelelementen (Quelle: Dr. Cimolino)

Landseitig sind hinter Hochwasserschutzwänden stets **Sicherheitszonen** einzurichten, die nur von berechtigten Personen betreten werden dürfen. Dadurch soll sichergestellt werden, dass bei einem Versagen der Schutzwand, z.B. durch Treibgut oder Bootshavarie, keine Personen gefährdet werden.

Hinweis: Es empfiehlt sich ferner, die Hochwasserschutzwände zum Schutz vor Vandalismus unter Aufsicht zu stellen. (Das ist insbesondere für wassergefüllte Sperren wichtig, weil die Folien mit einem Messer o.Ä. leicht zerstört werden können.)

3.1.12 Deichsicherung

Die größte **Deichbruchgefahr** besteht, wenn Deiche auf Strecken überströmt werden, die hierfür nicht besonders ausgerüstet sind. Innerhalb weniger Minuten kann die landseitige Böschung dann ins Rutschen kommen und nachfolgend bricht die Deichkrone nach (Kappensturz).

Die Deichbruchgefahr wird bei Überströmung weniger durch die Erosion der landseitigen Böschung bewirkt. Vielmehr ist die Einwirkung von Strömungskräften zusammen mit dem Verlust an Bodenfestigkeit bei der Infiltration des Wassers in die Böschung für die Deichbruchgefahr schuld. Der Gefahr der Überflutung muss deshalb durch rechtzeitige **Deichaufhöhung** mit Sandsäcken in den gefährdeten Bereichen begegnet werden *(siehe Abb. 40)*. Gegebenenfalls ist sogar die bewusste Aufgabe bestimmter Deichstrecken zur Entlastung anderer mit höherer Schutzfunktion geboten.

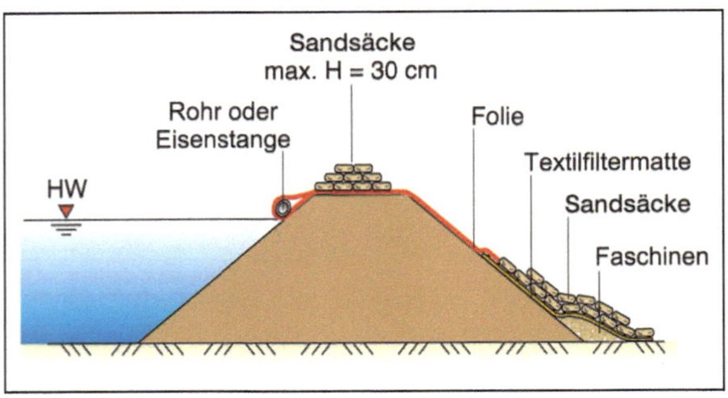

Abbildung 40:
Prinzip der Deichaufhöhung (Folienverbau wasserseitig noch ohne Taucher möglich)
(Quelle: Bartmann)

Auf den ersten Blick mag der Bau eines Sandsackdeiches einfach anmuten. Dass dem offensichtlich nicht so ist, offenbart die Abbildung 41. Wie zu erkennen ist, hat der Deich – trotz seiner Dimensionen – offenbar nicht zum Erfolg geführt. In der Mitte des Sandsackschlosses („Quellkade") sind noch eine Tauchpumpe und mehrere Druckschläuche zu erkennen. Die Leistung der Pumpe(n) reichte anscheinend nicht aus, um das nachströmende Wasser abzupumpen. Nur rechts im Bild ist der Einbau einer Folie zu erkennen. Augenscheinlich wurden auch zwei unterschiedliche Sackarten verwendet. Die Kette weist im vorderen Teil Lücken auf, sodass die Sandsäcke geworfen werden müssen.

Abbildung 41: Sandsackdeich in Dresden im August 2002 (Quelle: Deutscher Depeschendienst (ddp))

Für den Bau von Sandsackdeichen sind grundsätzlich nur wenige Spezialkenntnisse bzw. Grundlagen erforderlich. Werden diese allerdings nicht beachtet, ist der Aufwand in der Regel zum Scheitern verurteilt und kann, je nach Lage, verheerende Folgen für die Anlieger hinter dem Deich haben.

Bevor mit dem Bau eines Sandsackdeiches begonnen wird, muss durch einen Sachkundigen ermittelt werden, welche Ausmaße (Länge, Breite, Höhe) für den Deich erforderlich sind, um den zu erwartenden Pegel einzudämmen. Anschließend ist zu beurteilen, ob der bestehende Deich und/oder Untergrund die Last der Aufhöhung schadlos aufnehmen kann. Bei positivem Ergebnis erfolgt dann die erforderliche Personal- und Materialbedarfsrechnung.

Dies kann mit Tabellen oder mit einfachen Sandsackberechnungsprogrammen, wie sie im Internet publiziert werden, geschehen.

Sandsäcke werden aus Kunststoff oder Jute hergestellt. Kunststoffsäcke sind wenig rutschfest. Sie eignen sich daher mehr zum Verbau einer landseitigen Böschung oder zum Beschweren von Folien auf der wasserseitigen Böschung. Dort ist das leichte Gleiten auf den Folienbahnen erwünscht. Gegenüber Witterungseinflüssen sind sie beständiger als solche aus Jute. Letztere eignen sich aufgrund ihrer rauen Oberfläche besonders für Deichbauten, bei denen es auf Stabilität und Rutschfestigkeit ankommt. Grundsätzlich sollten nur Sandsäcke aus gleichem Material und gleicher Größe im Verbund eines Deiches verbaut werden.

Das Befüllen der Sandsäcke kann maschinell, halbmaschinell oder manuell erfolgen. Die Abbildungen 42 bis 44 zeigen beispielhaft für die am Markt erhältlichen Sandsackabfüllmaschinen drei Modelle.

Abbildung 42:
Manuelle Sandsackfüllmaschine (Typ Easy) (Quelle: Pfitzner GmbH)

Abbildung 43:
Sandsackfüllmaschine „Betonmischer", als Füllung an einem Rondell (Typ Mammut 7) (Quelle: Pfitzner GmbH)

Abbildung 44: Sandsackfüllmaschinen zur „Reihenfüllung" (man steht bzw. sitzt nebeneinander) (Quelle: Dr. Cimolino)

Zum Betreiben der Sandsackfüllmaschinen werden entweder Zapfwellenantriebe an entsprechend leistungsfähigen Landmaschinen oder Elektromotoren mit ausreichend Stromversorgung[1] benötigt.

[1] Anlaufströme beachten! Stromerzeuger daher deutlich größer dimensionieren als nur für den Betrieb der Maschine erforderlich ist.

Abbildung 45: Sandsackfüllmaschinen gibt es auch eingebaut in Abrollbehälter, diese sind noch schneller aufgebaut und können mit dem mitgeführten Material (leere Säcke usw.) mit zugeliefertem Sand sofort betrieben werden. Hier die Ausführung der Feuerwehr Ratingen (Quelle: Dirk Wieczorek, Ratingen)

Zum Füllen ist Sand in den Korngrößen 0 bis 8 mm zu verwenden. Falls dieser nicht zur Verfügung steht, lässt sich auch ein Sand-Kies-Gemisch in der Korngröße 0 bis 16 mm verwenden.

Abbildung 46:
Die Befüllung von Sandsackfüllmaschinen sollte immer langsam erfolgen, d.h. angepasste Schaufelgrößen von Radladern oder auch Förderbänder benutzen, um das Überfüllen zu vermeiden. Hier eine italienische Lösung, ausgestellt auf der REAS in Montechiari
(Quelle: Dr. Cimolino)

Abbildung 47:
Werden Sandsackfüllmaschinen überfüllt, müssen sie manuell (teil-)entleert werden! Dafür sind die Antriebe (i.d.R. Zapfwelle oder E-Motor wie hier) abzuschalten und gegen Wiedereinschalten zu sichern!
(Quelle: Feuerwehr Düsseldorf)

Je trockener der Sand ist, umso leichter lässt er sich verarbeiten. Je feuchter, umso häufiger werden die Füllmaschinen verstopft bzw. mit einem zu schnellen Abkippen zu schweren Sandes überfüllt und damit überfordert bzw. direkt blockiert.

Die Wirksamkeit von Sandsäcken wird unablässig durch richtiges oder falsches Füllen der Sandsäcke entschieden. Allgemein besteht die Gefahr, dass Unkundige die Sandsäcke zu voll füllen. Ein prall gefüllter Sandsack kann beim späteren Aufbau nicht satt in den Sandsackverband eingefügt werden.

Hinweis: Das vollflächige, fugenlose Aneinanderliegen der einzelnen Sandsäcke im Verbund ist Voraussetzung zur einwandfreien Abdichtung. Die Sandsäcke sind daher höchstens bis zu ⅔ ihres Fassungsvermögens zu füllen.

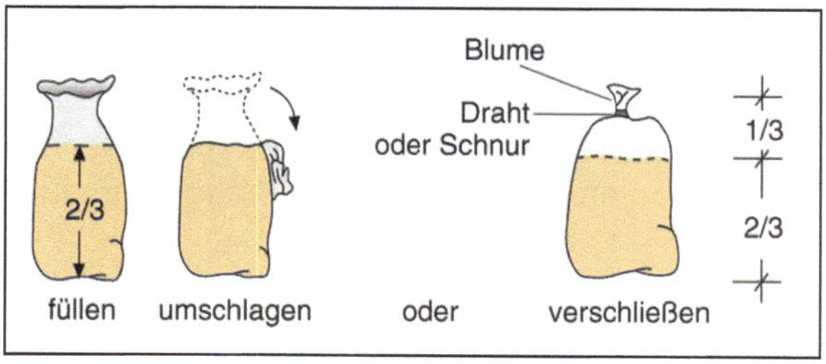

Abbildung 48:
Füllmethode von Sandsäcken (Quelle: Bartmann)

Gelegentlich ist zu lesen, man solle die Sandsäcke „nie zubinden, da sonst der Sand gepresst wird und sich der Umgebung nicht mehr anpassen kann." Dies sieht der Verfasser aus Erfahrung anders. Nach Möglichkeit sind die Sandsäcke zuzubinden, schon um das Ausrieseln während des Transportes oder vor Ort zu verhindern. Es gibt Sandsäcke, in die die Bindeschnur bereits eingeknüpft ist. Alternativ können auch zu verdrillende Sackdrähte oder Schnüre verwendet werden. Sehr effizient sind Nähmaschinen zum Zunähen der Säcke, wie sie z.B. die Abbildung 49 zeigt.

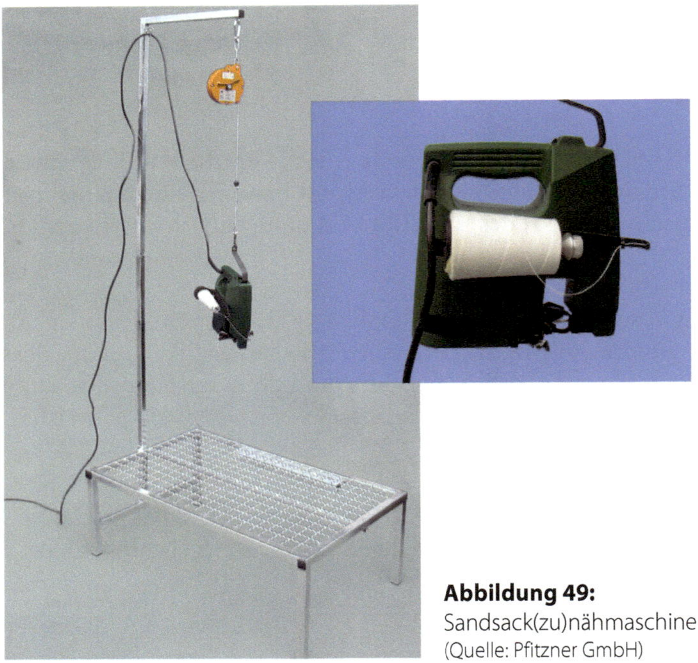

Abbildung 49:
Sandsack(zu)nähmaschine mit Arbeitstisch
(Quelle: Pfitzner GmbH)

Grundsätzlich sollten die Sandsäcke etwa in der Mitte der verbleibenden Blume verschlossen werden. Ist das Schließen ausnahmsweise nicht möglich, ist die Blume umzuschlagen.

Hinweis: Das Gewicht des befüllten Sandsackes sollte 15 kg möglichst nicht überschreiten.

Beim Verlegen der Sandsäcke ist darauf zu achten, dass der Untergrund glatt und frei von Steinen ist. Der Abstand von Deich und Bebauung sollte 2–3 cm betragen. Bedingung für die Standfestigkeit und Dichtheit ist die ordentliche, von Grund auf sorgfältig ausgeführte Schichtung der Sandsäcke. Die einzelnen Säcke müssen, damit sie sich gut anlegen, mit kräftigem Schwung an die vorgesehene Stelle gebracht werden. Die unterste Schicht muss auf der Wasserseite parallel zur Strömung – falls vorhanden – verlaufen, wobei die Einfüllöffnung **nicht zum Wasser,** sondern zum Deich zeigen soll *(siehe Abb. 50).*

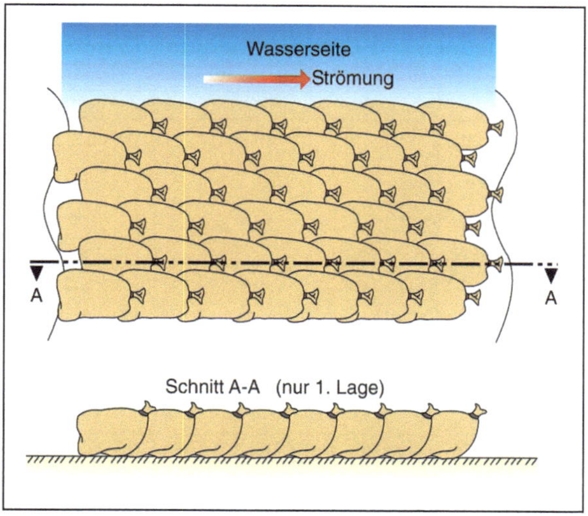

Abbildung 50:
Verbau der ersten Sandsackreihe (Quelle: Bartmann)

Ist die Einfüllöffnung nicht zugebunden, sondern umgeschlagen, wird so verlegt, dass die Sandfüllung auf den umgeschlagenen Teil drückt. Alle Sandsäcke sind überlappend so zu verlegen, dass keine Zwischenräume verbleiben. Zur Erhöhung der Festigkeit wird jede Lage festgetreten. Zur Erhöhung der Stabilität ist auf eine korrekte Verlegetechnik zu achten. Häufig werden die Sandsäcke wie in Abbildung 51 dargestellt verlegt.

Abbildung 51: Ungünstige Verlegetechnik mit geringer Standfestigkeit (Quelle: Bartmann)

Eine bessere Standfestigkeit wird jedoch mit der in Abbildung 52 gezeigten Verlegetechnik erreicht.

Abbildung 52: Günstige Verlegetechnik mit hoher Standfestigkeit (Quelle: Bartmann)

Die Abbildung 53 zeigt die Größenverhältnisse eines Sandsackdeiches. Herausragendes Detail ist die **Folie** (rote Linie). Von ihr ist der Erfolg der gesamten Aktion in starkem Maße abhängig.

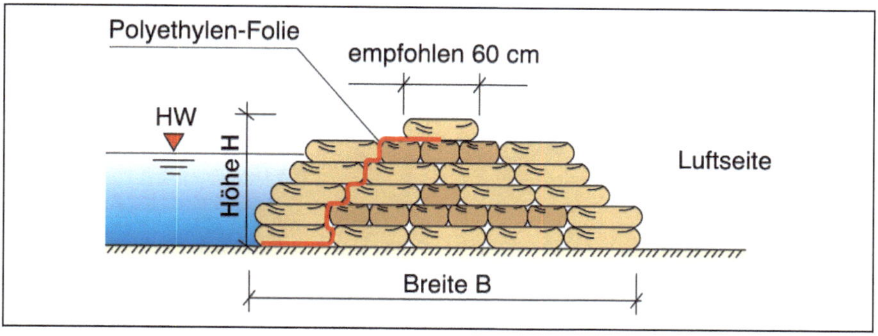

Abbildung 53: Größenverhältnisse eines Sandsackdeiches und Lage der Folie (Quelle: Bartmann)

Welche Folie verwendet werden soll, ist vor Ort von untergeordneter Bedeutung. In der Regel kommen Polyethylenfolien zur Anwendung. Polyethylen ist ein sehr umweltverträglicher Werkstoff. Diese Folien sind sehr weit verbreitet, weil sich damit auch größere Bahnbreiten ohne Verschweißarbeiten herstellen lassen. Je nach Stärke sind Bahnbreiten von 8–10 Meter im Handel erhältlich.

Zum Transport der leeren und vollen Sandsäcke, dem Füllen sowie dem Verladen sind ausreichend viele für den jeweiligen Untergrund geeignete Transport- und Logistikfahrzeuge erforderlich. Mindestens ein Teil davon muss ausreichend watfähig und geländegängig sein.

Die Sandsäcke müssen auch vor Ort möglichst nah zum Verlegebereich transportiert werden, um das körperlich sehr anstrengende Tragen auf den notwendigen Umfang reduzieren zu können.

Abbildung 54:
Geländegabelstapler (Quelle: Dr. Cimolino)

Abbildung 55:
Teleskoplader bieten noch mehr Einsatzvarianten (Quelle: Dr. Cimolino)

Abbildung 56:
Für den Transport vom Füllplatz oder einer (Um-) Verteilstation[1] an den Deich oder durch überflutete Flächen sind z.T. bereits geländegängige und watfähige Fahrzeuge nötig (Quelle: Dr. Cimolino)

Abbildung 57a und b: Landwirte oder Steinmetze bzw. Gartenbaubetriebe können auch hier i.d.R. mit Traktoren bzw. Dumpern o.Ä. gut unterstützen. Ggf. über Red Farmer[1] bzw. JOLA-Rent o.Ä. anfragen, wenn vor Ort keine Kontakte bestehen (Quelle: Feuerwehr Düsseldorf, Dr. Cimolino)

Die PSA bei der Arbeit im Freien muss den Risiken bzw. Gefährdungen angepasst werden (*siehe Abb. 58*). Bei der Arbeit an Sandsackfüllmaschinen bzw. mit Sandsäcken kann oft auf einen Helm verzichtet werden oder ein leichterer Bauhelm verwendet werden. Für die Arbeit im Freien bei meist wärmeren Temperaturen reicht der Feuerwehrschutzanzug nach UVV Feuerwehren § 14 (1) völlig aus! Überbekleidung für den Innenangriff ist dafür völlig ungeeignet, sie ist zu warm, zu wenig atmungsaktiv – und für die mechanischen Arbeiten viel zu empfindlich und teuer.

1 https://redfarmer.eu/

Abbildung 58: Leichte PSA für die Arbeit im Freien – und v.a. geeignete Schutzhandschuhe für die Arbeit mit Handwerkzeugen und Sandsäcken! (Quelle: Feuerwehr Düsseldorf)

3.1.13 Deichprüfung

Bei Hochwasserlagen ist zuweilen in der regionalen Presse davon zu lesen, dass man „Deichwachen“ abgestellt hat, deren Aufgabe es ist, die Funktion der Deiche rund um die Uhr zu überwachen. Bei genauerer Befragung, aus welchem Personenkreis sich diese **Deichwachen** rekrutieren, stellt man häufig fest, dass die Auswahl willkürlich getroffen wurde. Nicht selten sind es auch Angehörige einer Freiwilligen Feuerwehr.

Ohne dieses Engagement schmälern zu wollen, muss jedoch eindringlich darauf hingewiesen werden, dass die Tätigkeit einer **Deichwache** vergleichbar ist mit einer nach den Landeswassergesetzen festgelegten **Deichschau** (Deichbegang). Deich- und Dammbauten sind laut Rechtsnorm Ingenieurbauwerke. Das bedeutet, für die Überwachung sind **sachkundige** Personen einzusetzen. Es genügt nicht, Personen mit dieser Aufgabe zu betrauen, die lediglich in der Lage sind, einen bereits eingetretenen Schaden zu melden. Vielmehr müssen sie aufgrund ihrer Sachkunde frühzeitig beurteilen können, ob ein Schaden entstehen kann, und diese Erkenntnis an die Einsatzleitung weitergeben.

Hinweis: Ehrenamtliche Helfer ohne entsprechende Vorkenntnisse müssen aus diesen Gründen zumindest eine angemessene Einweisung durch einen Sachkundigen erhalten, bevor sie diesen Dienst versehen.

3.2 Selbstkontrolle und Testfragen

(Lösungen siehe Seite 123)

1. Wie heißt die wichtigste Bezugsgröße für alle Maßnahmen?

a) Bauvorsorge.
b) Hochwasserpegel.
c) Hochwasseralarmplan.
d) Hochwasseralarmstufe.
e) Organisationsvorsorge.

2. Wo erfolgt die Heranführung überörtlicher Kräfte?

a) Feuerwache.
b) Katastrophenschutzlager.
c) Sportplätze.
d) Parkplätze.
e) Bereitstellungsräume.

3. Welchem Zweck dienen Hochwasserschutzschilder?

a) Verstärkung von Dämmen.
b) Sicherung von Deichen.
c) Abdichtung von Tür- und Fensteröffnungen.
d) Persönliche Schutzausrüstung (PSA).
e) Bauteil für Hochwasserschutzwand.

4. Welche Gefahr droht bei Überströmung von Deichen?

a) Landseitige Böschung rutscht.
b) Bruch der Deichkrone.
c) Kappensturz.
d) Verlust der Bodenfestigkeit.
e) Deichbruchgefahr.

5. Deicherhöhung. Welche Höhe ist nicht zu überschreiten?

a) Eine Höhe von 20 cm.
b) Eine Höhe von 30 cm.
c) Eine Höhe von 40 cm.
d) Eine Höhe von 50 cm.
e) Eine Höhe von 60 cm.

6. Was wird für eine Deichaufhöhung benötigt?

a) Sandsäcke.
b) Rohr oder Eisenstange.
c) Folie.
d) Textilfiltermatte.
e) Faschinen.

7. Wie voll sollte ein Sandsack maximal sein?

a) ⅓ voll.
b) ⅔ voll.
c) ¼ voll.
d) ½ voll.
e) ¾ voll.

8. Wie ist die unterste Sandsackschicht bei Strömung zu verlegen?

a) Abstand von Bebauung und Deich 2–3 m.
b) Parallel zur Strömung.
c) Einfüllöffnung nicht zum Wasser.
d) Einfüllöffnung zum Wasser.
e) Überlappend ohne Zwischenräume.

9. Wer darf eine Deichwache durchführen?

a) Jeder Feuerwehrangehörige.
b) Zugführer.
c) Sachkundiger.
d) Bedienstete der Wasserwirtschaftsämter.
e) Feuerwehrangehöriger mit Einweisung durch Sachkundigen.

4 Abwehrende Maßnahmen

4.1 Einsatz von Wasserfahrzeugen

Der Einsatz von Wasserfahrzeugen in Hochwassergebieten lässt sich allgemein in einen **Bootsbetrieb** und einen **Fährbetrieb** unterteilen.

Der **Bootsbetrieb** dient der Rettung bzw. dem Transport von Menschen, Tieren und Sachwerten (z.B. Lebensmittel, Medikamente usw.) ohne Regelmäßigkeit und mit unterschiedlichen Zielen. Daraus folgt, dass die Bootsbesatzung entweder ortskundig sein soll oder zumindest mit geeignetem Kartenmaterial auszustatten ist. Daneben ist eine Funkverbindung zwischen den Booten und der anordnenden Stelle (z.B. Abschnittsleiter) anzustreben. Von Vorteil sind außerdem Mobiltelefone. Aus Sicherheitsgründen muss die Bootsbesatzung mindestens aus zwei Personen bestehen.

Bei speziellen Aufträgen ist die Besatzung entsprechend zu ergänzen. Insbesondere bei Evakuierungsmaßnahmen sollten nach Möglichkeit Polizeibeamte und/oder Seelsorger die Bootsbesatzung begleiten. Dabei ist es stets erforderlich, die Fahrgäste zu registrieren (Name, Start und Ziel, Uhrzeit). Die Listen sind bei der Einsatzleitung zu hinterlegen, um bei entsprechenden Anfragen über den Aufenthalt, z.B. von Haus- und Wohnungsbesitzern, aber auch bei Vermisstenmeldungen, Auskunft erteilen zu können.

Für einen Bootsbetrieb in überschwemmten Innenstadtgebieten mit keiner oder nur geringer Strömung haben sich in der Vergangenheit Bootstypen – sog. „Hochwasserboote" mit flachen Rümpfen (ohne Kiel) mit anmontierten Rädern sehr gut bewährt *(siehe Abb. 59)*. Diese Boote haben häufig keinen Motor, können aber mit meist kleineren Außenbordmotoren motorisiert werden.

Ein Fahren in Strömungen ist schwierig und wird bei stärkerer Strömung schnell gefährlich! Daher sollten diese Boote in Wasser mit Strömungen NICHT eingesetzt werden!

Abbildung 59:
Boot mit angebauten Rädern im Einsatz; diese Boote sind sehr empfindlich auf Querströmungen und dann kaum mehr steuerbar
(Quelle: Bartmann)

Mit diesen Booten können seichte Stellen einfach dadurch überwunden werden, indem die Bootsbesatzung das Boot von Hand schiebt. Dazu tragen die Einsatzkräfte meist Wathosen oder sogenannte Fischerstiefel. Diese scheinbar harmlosen Schutzausrüstungen können speziell bei Hochwasser zu einem Problem werden, da sie beim Sturz der Person rasch volllaufen können und es dann sehr beschwerlich ist, wieder aufzustehen. Trägt man einen Gurt oder eine Leine, kann sich beim Sturz im Wasser eine Luftblase in der Wathose bilden und die Beine können dann oben schwimmen – was den Oberkörper entsprechend unter Wasser bringt!

Merke: Bei Einsätzen auf Booten sind daher grundsätzlich keine Wathosen zu benutzen! (Siehe auch DGUV Information 205-010 „Sicherheit im Feuerwehrdienst").

Große Gefahr besteht, wenn die Personen in nicht erkennbare Löcher fallen, wie sie z.B. bei fortgeschwemmten Kanaldeckeln und Sandfangkörben in den Straßen vorkommen. Hier kann in Verbindung mit der obligatorischen Rettungsweste nur eine Leinensicherung zu einem Gehilfen im Boot wirksame Hilfe leisten.

Der **Fährbetrieb** dient vorrangig dem Transport von Menschen zwischen zwei festgelegten Orten in regelmäßigen Zeitabständen (Taktverkehr) oder in Absprache (z.B. auf Anruf). Logistisch ist dieser Verkehr weniger anspruchsvoll als der Bootsbetrieb, da die zu befahrende Wasserstrecke nach Erkundung bekannt ist. Als Bootsführer können demnach auch solche Kräfte eingesetzt werden, die keine Ortskenntnis haben. Auch im Hinblick auf die Motorisierung (Propeller- oder Jetantrieb) kann zumindest festgelegt werden, welcher Antrieb für den jeweiligen Fährbetrieb sinnvoll erscheint. Eine Begleitung, wie sie beim Bootsbetrieb – insbesondere bei Evakuierungsmaßnahmen – gelegentlich angezeigt ist, kann beim Fährbetrieb entfallen.

Einer besonderen Beladung bedarf es bei Hochwassereinsätzen, mit Einschränkung, nicht. Geeignete Rettungswesten müssen für die maximal aufzunehmende Personenzahl auf dem Boot vorhanden sein und sind grundsätzlich von **allen Personen** zu tragen; auch wenn dies manchen Zivilpersonen überzogen erscheinen mag. (In Katastrophenschutzeinheiten sollten hier auch einige Westen z.B. für Kinder oder sehr große bzw. schwere Personen vorgehalten werden.)

Bei Evakuierungsmaßnahmen müssen nach Bedarf Steckleiterteile und ausreichend Leinen zur Sicherung mitgeführt werden. Auf eine ausreichende Beleuchtung (Handscheinwerfer bzw. leistungsfähige L-Lampen an der Jacke) ist vornehmlich bei Booten ohne Bordstromversorgung zu achten. Bewährt hat sich auch die Vorhaltung von Spielzeug und Süßigkeiten in geringem Umfang. Ein Stofftier hat bei Evakuierungsmaßnahmen mit Kleinkindern schon Wunder bewirkt. Empfehlenswert ist außerdem eine Zange oder ein Bolzenschneider, um Hindernisse (z.B. Drahtzaun) bei Bedarf durchtrennen zu können.

Besonders für den Fährbetrieb sind Boote gut geeignet, wenn sie – neben den erwähnten Bodenrädern – über eine Bugklappe verfügen; dies erleichtert die Ein- und Ausstiege wesentlich *(siehe Abb. 60 und 61)*.

Bei der Bereitstellung von Booten durch die Feuerwehr ist zu beachten, dass ausreichende Reserven für die unmittelbare Gefahrenabwehr (z.B. Brandeinsätze) zur Verfügung stehen. Ein Herauslösen von vorhandenen Booten aus dem Boots- und Fährbetrieb und die anschließende Beladung mit den Gerätschaften (Schläuche, Armaturen, PSA usw.) ist in der Regel im Ernstfall zu zeitaufwendig.

Abbildung 60:
Kunststoffboot mit Rädern und Bugklappe
(Quelle: Pfitzner GmbH)

Abbildung 61:
Motorisiertes Hochwasserboot für RLP mit Klappe und Berührungsschutz
(Quelle: Dr. Cimolino)

4.2 Evakuierung und Rettung

Evakuierung ist die organisierte und gelenkte Verlegung von Menschen und Sachen aus einem bedrohten oder betroffenen Gebiet in ein sicheres mit anschließender Aufnahme (Unterbringung, Versorgung und Betreuung). Mit Einschränkung sind von diesen Maßnahmen auch Tiere nach den Vorgaben des Tierschutzgesetzes betroffen.

Eine Räumung erfüllt ebenfalls die Kriterien der Evakuierung, erfordert jedoch, da es sich in der Regel um eine kurzfristige, zeitlich eng begrenzte Maßnahme handelt, keine umfangreichen Unterbringungs- und Versorgungsaktivitäten. Je nach Lageentwicklung kann eine Räumung in eine Evakuierung münden.

Beide Maßnahmen (Räumung und Evakuierung) sind schwere Eingriffe in die Grundrechte der Bürger. Sie müssen sich deshalb aufgrund des zu erwartenden Gefährdungspotenzials oder aufgrund der eingetretenen Gefahr unanfechtbar begründen lassen. Insbesondere muss der Einsatzleiter im Zuge der Lagebeurteilung den angestrebten Nutzen im Verhältnis zur möglichen Gefährdung der Betroffenen abwägen. Problematisch kann es werden, wenn eine akute Gefahrenlage ursächlich ist – und sich Menschen weigern, den Bereich zu verlassen. Hier muss abgewägt werden, ob man die Räumung durchsetzen kann – und will.

Evakuierungen und Räumungen sind, unabhängig von der Größenordnung, immer personal- und organisationsintensiv. Unkoordinierte Maßnahmen binden Einsatzkräfte und überlasten Kommunikationswege. Da unter Umständen Zwangsmaßnahmen bzw. Zwangsmittel bei einer Räumungs- oder Evakuierungsmaßnahme erforderlich werden, ist die Polizei frühzeitig in den Entscheidungsprozess zu involvieren.

4.3 Deichverteidigung

Die Verteidigung eines Dammes ist dann am einfachsten und effektivsten, wenn der drohende Versagensmechanismus durch Recherchen vor Ort oder anhand von Erfahrungen und Berechnungen eindeutig ist. Im Prinzip gibt es für jeden Versagensmechanismus einen anwendbaren Verteidigungsmechanismus, doch birgt das weitere Gefahren. So kann die Verteidigung gegen Versagen (z.B. Verhindern der Überflutung durch Dammerhöhung) ein anderes Versagen hervorrufen (z.B. Einsinken des Dammes in den Untergrund aufgrund des erhöhten Gewichtes).

Hinweis: Jede nachfolgend beschriebene Verteidigung ist ein eindeutiger Eingriff in das noch existente System und muss vorher auf ihre Tauglichkeit und Folgen durch einen Sachkundigen überprüft werden.

Gibt es kein Mittel, das Versagen durch Verteidigung abzuwenden, kann ggf. das Versagen mit dem geringsten Zerstörungspotenzial gesteuert bzw. hervorgerufen werden *(siehe Tab. 2)*.

Die nachfolgende Zusammenstellung beschreibt Schadensformen an der wasser- und landseitigen Böschung und ihre Verteidigungsmöglichkeiten durch die Feuerwehr.

Merke: Als **Kies** bezeichnet man natürlich gerundetes, als **Splitt** bezeichnet man gebrochenes Material. Die Gesteinskörnung wird in Millimeter mittels unterer und oberer Siebgröße (z.B. 4/32) ausgedrückt.

Tabelle 2: Gefahren bei der Deichverteidigung

Abwehrmaßnahmen	Mögliche Gefahr
Dammerhöhung	• (Ab-)Gleiten von Deichteilen auf Aufstandsflächen • Grundbruch/Erosionsbruch • lokales Versagen der Landseite • Böschungsbruch der Landseite
Absenken des Wasserspiegels	• lokales Versagen der Wasserseite • Böschungsbruch der Wasserseite
Reduktion der Wasserspiegeldifferenz	• lokales Versagen der Landseite in den seitlichen Abschlussbereichen durch Aufhöhen der Sickerlinie
Belasten des haltenden Teils der Gleitfläche	• lokales Versagen der Landseite durch Aufhöhen der Sickerlinie, wenn Last dichtet
Entlasten des treibenden Teiles	• direkt keine; indirekt ggf. Erschweren der Verteidigung
Abschneiden der Durchströmung	• Grundbruch durch Auflasten und Dynamik
Verhindern von Materialausspülung	• Böschungsbruch der Landseite durch Vergrößerung der Auflast im treibenden Bereich
Pumpbetrieb	• Gefährdung durch Erosionsbruch

■ Schölungen

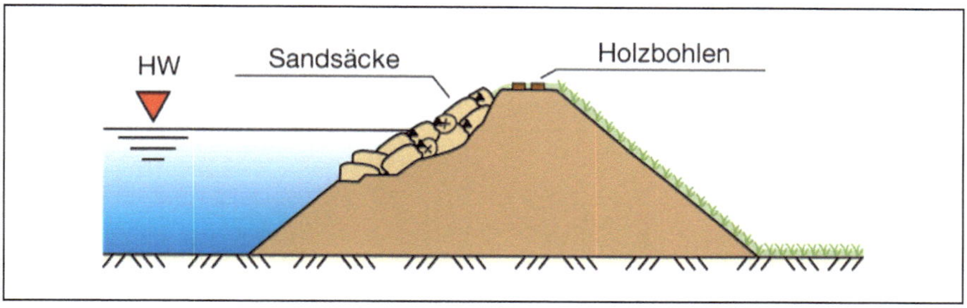

Abbildung 62: Schölung als oberflächlicher Böschungsschaden (Quelle: Bartmann)

Erscheinungsformen

Oberflächige Böschungsschäden (Schölungen) an der wasserseitigen Böschung: Wundstellen, Ausrisse, Ausspülungen und Ausschürfungen u.a.

Ursachen

Mitgeführtes Treibgut, zu steile Böschungen, Wühltierbefall, Trampelpfade.

Sicherungsmaßnahmen

Die Schadstellen werden zunächst mit Sand, grobem Kies, Splitt oder ähnlichem verfüllt. Anschließend werden kleinere Schadstellen mit Sandsäcken verfüllt. Oberhalb der Wasserlinie liegende große Schadstellen werden mit einem auf einer Baustahlgewebematte aufgespannten Filtervlies gesichert. Diese Konstruktion wird mit gebogenen Rundeisen oder Holzpfählen mit der Böschung derart vernagelt, dass Unterläufigkeit und Auftrieb verhindert werden. Liegen die Schadstellen unter Wasser, wird die Konstruktion durch Taucher mit Sandsäcken beschwert.

Hilfsmaterialien

Steine, Splitt, Kies, Sand, Baustahlgewebematten, Filtervlies, Sandsäcke, Baustahlstähle (6/8), Bindedraht, Holzpfähle, Holzbohlen zur Sicherung der Zuwegung bzw. Erleichterung der Bewegung auf dem Deich bei Verhinderung von Schäden an der durchweichten Deichkrone.

■ Böschungsabbruch, Unterspülung

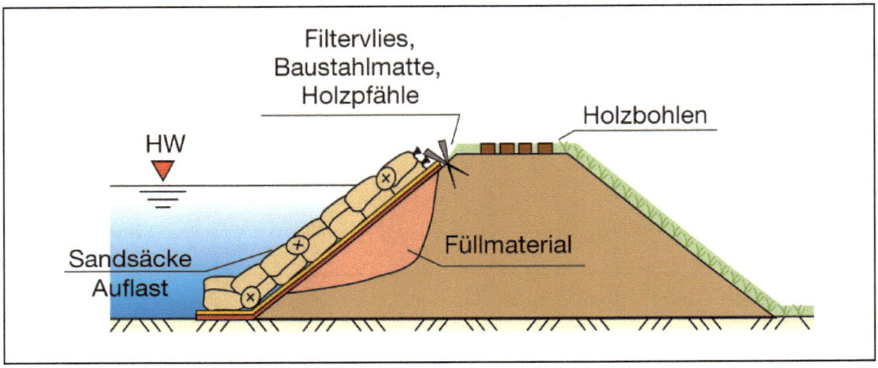

Abbildung 63: Böschungsabbruch (Quelle: Bartmann)

Erscheinungsformen
Das Abrutschen der Böschungen an der wasserseitigen Böschung kündigt sich durch Rissbildung auf der Krone, der Berme oder der Landseite der Böschung an.

Ursachen
Unterspülung des Deichfußes. Diese Schadensform tritt häufig bei Deichen ohne Vorland („Schardeiche") auf.

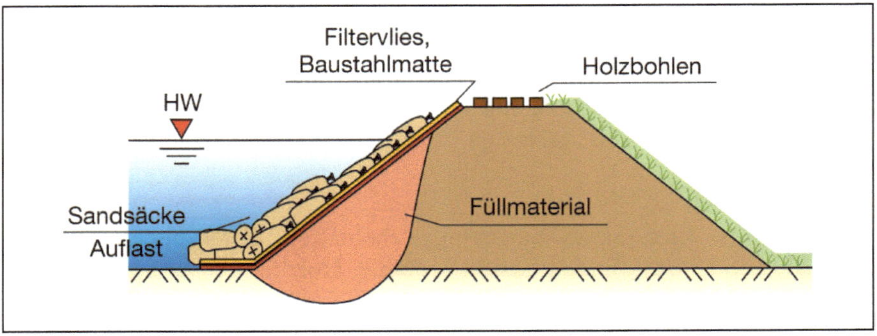

Abbildung 64: Unterspülung des Deichfußes (Quelle: Bartmann)

Sicherungsmaßnahmen
Die Schadstellen werden mit Schüttsteinen, Sand, grobem Kies und Sandsäcken aufgefüllt. Anschließend werden die Böschungen mit auf Baustahlgewebematten aufgespanntem Filtervlies gesichert. Diese Konstruktion wird durch **Taucher** mit Auflasten aus Schüttsteinen oder Sandsäcken gesichert.

Hilfsmaterialien
Schüttsteine, Splitt, Schotter, Kies, Sandsäcke, Baustahlgewebematten, Filtervlies, Baustahlstähle, Bindedraht, Holzbohlen zur Sicherung der Zuwegung.

■ Sickerwasseraustritte (Quellen)

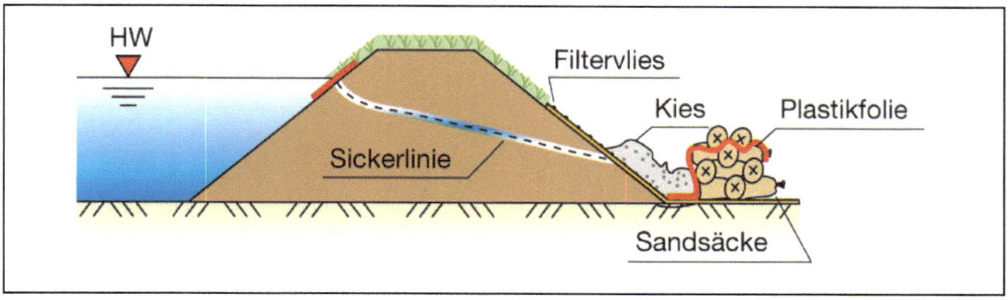

Abbildung 65: Sickerwasseraustritte (Quellen) (Quelle: Bartmann)

Erscheinungsformen
Austritt von Sickerwasser auf der landseitigen Böschung, am Böschungsfuß oder auf der Deichberme.

Ursachen
Unsachgemäßer Aufbau des Deichkörpers, inhomogener Deichuntergrund, Wühltierbefall, Durchwurzelung.

Sicherungsmaßnahmen
Kleinere Wasseraustritte sind zunächst ungefährlich. Bei einer Trübung werden Materialien aus dem Deichkörper erodiert. Die Austrittsstellen sind mit Faschinen und Filtervlies abzudecken und mit Sandsäcken zu beschweren.

Dabei ist ein Mindestabstand zum Deichfuß zu beachten (*siehe Abb. 65*). Größere Wasseraustritte müssen durch einen Fangdamm (*siehe Abb. 66*) gesichert werden, wodurch ein Gegendruck erzeugt wird („Quellkaden"). Eine Kunststofffolie verbessert die Dichtigkeit der Sandsackbarriere. Ein möglicherweise im Bereich der Quellkade liegender Binnendeichgraben darf **nicht** verbaut werden, sondern muss verrohrt werden (*siehe Abb. 67*). Das Wasser innerhalb der Quellkade darf nicht in den Graben abfließen.

Hilfsmaterialien
Kies, Sandsäcke, Kunststofffolien.

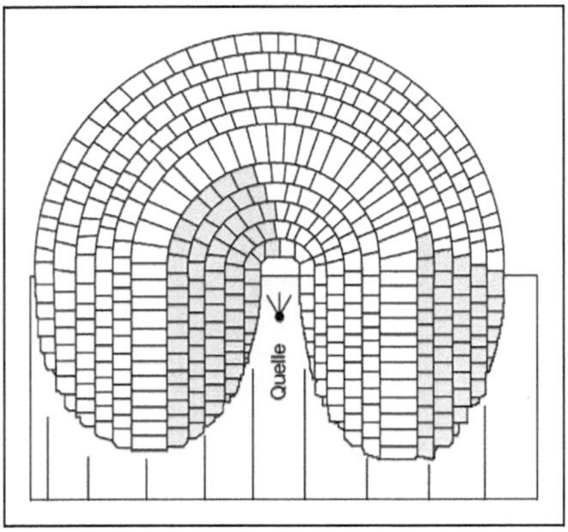

Abbildung 66:
Aufbau einer Quellkade (Draufsicht)
(Quelle: Bartmann)

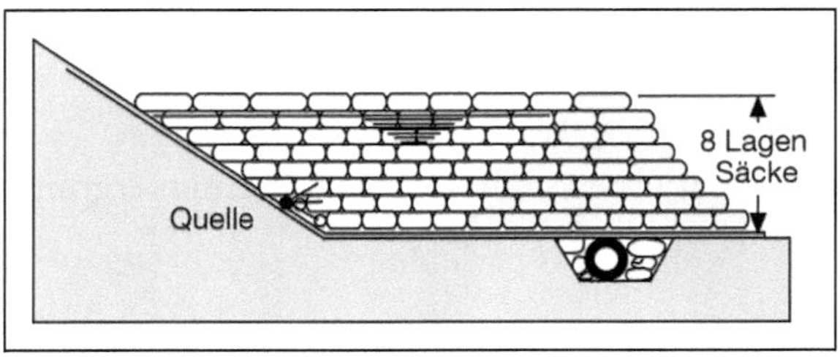

Abbildung 67:
Aufbau einer Quellkade (Seitenansicht) mit Verrohrung
(Quelle: Bartmann)

■ Durchfeuchtungen

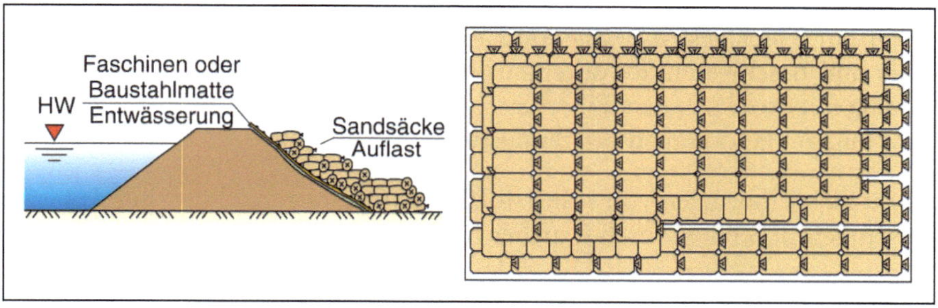

Abbildung 68: Durchfeuchtungen – landseitige Maßnahmen (Quelle: Bartmann)

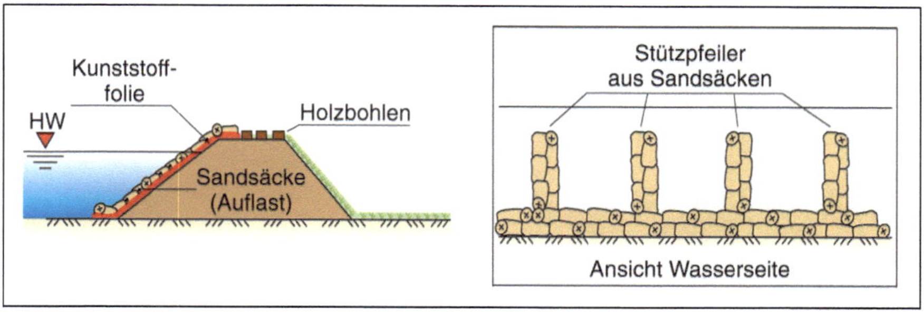

Abbildung 69: Durchfeuchtungen – wasserseitige Maßnahmen (Quelle: Bartmann)

Erscheinungsformen
Aufgeweichte landseitige Böschung, Böschungsfuß oder Deichberme

Ursachen
Fehlerhafter Deichaufbau, Versagen der landseitigen Entwässerung, lang andauernde Hochwasser, stark durchlässiges Deichmaterial, durchlässiger Untergrund, Starkregen.

Sicherungsmaßnahmen
Bei starker Durchfeuchtung besteht die Gefahr, dass die landseitige Böschung abrutscht. Flächiges Auslegen von Faschinen (→ *Deichbruch*) zur Entwässerung und Beschweren der durchfeuchteten Bereiche an der landseitigen Böschung mit grobkörnigem Filtermaterial. Eventuell vorher Aufbau einer Vorpackung am landseitigen Böschungsfuß.

Zusätzlich Einbringen von Kunststofffolien (rot eingezeichnet) auf der wasserseitigen Böschung durch **Taucher** für besonders durchlässige Bereiche.

Hilfsmaterialien
Kies (4/32; 4/64), Splitt, Kunststofffolien, Sandsäcke.

Abbildung 70: Einbringen von Folien an der wasserseitigen Böschung durch Taucher ist seit Jahren eine gängige Möglichkeit, erfordert aber entsprechend ausgebildete Kräfte, die aufgrund der schlechten Sicht und harten Arbeit regelmäßig ausgetauscht werden müssen. Klare Anweisungen schon vor dem Tauchgang erleichtern die Arbeit und verhindern Fehler (Quelle: Bartmann)

■ Hydraulischer Grundbruch, Rutschungen

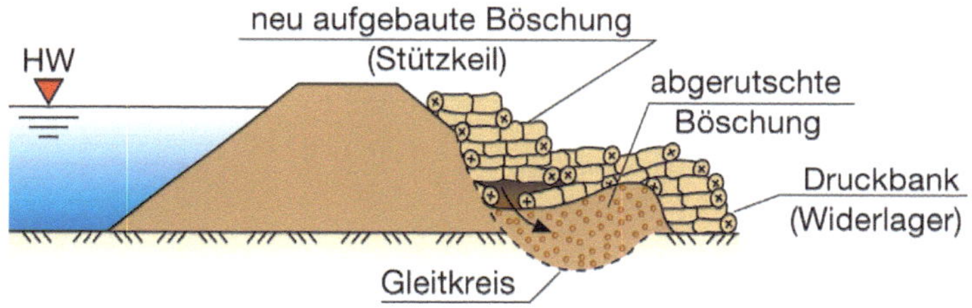

Abbildung 71: Rutschungen (Quelle: Bartmann)

Erscheinungsformen

Abrutschen der landseitigen Böschungen. Böschungsrutschungen kündigen sich durch Längsrisse parallel zur Deichkrone an. Veränderungen des Deichprofiles.

Ursachen

Der landseits aufwärts gerichtete Strömungsdruck ist größer als das Eigengewicht des darüber liegenden Bodenmaterials. Starke Durchfeuchtung *(siehe Abb. 71)* nach lang andauerndem Hochwasser, bei durchlässigem Deichkörper oder bei durchlässigem Deichuntergrund. Mögliche Fehler bei der Bauausführung des Deiches. Starke Durchlässigkeit des Untergrundes.

Sicherungsmaßnahmen

Der Fuß der abgerutschten Böschung ist durch Vorpacken von Sandsäcken auf Baustahlgewebematten und Filtervlies gegen Fortfließen zu sichern (Druckbank). Eine Belastung der abgerutschten Erdmassen würde die Rutschung wieder in Bewegung setzen und ist daher unbedingt zu vermeiden.

Hilfsmaterialien

Baustahlgewebematten, Sandsäcke, Folien, Holzbohlen zur Sicherung der Zuwegung.

■ Qualmwasser

Erscheinungsformen

Aufbrechen oder Aufquellen des Binnenlandes.

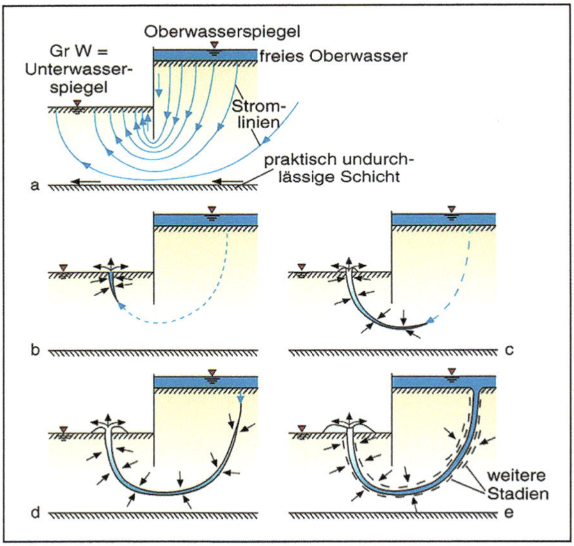

Abbildung 72: Stadien der Qualmwasserbildung (Quelle: Bartmann)

Ursachen

Strömungen (Suffosion) in sehr durchlässigem Untergrund und unzureichend dicke zusammenhaltende Deckschicht im Deichhinterland. Bei fortschreitender Suffosion entstehen Hohlräume, in denen sich alle Größen von Bodenteilchen bewegen (Erosion) und mit dem Sickerwasser austreten *(siehe Abb. 73)*. Ursächlich für eine Erosion kann auch eine kreuzende Rohrleitung im Boden sein *(siehe Abb. 74)*.

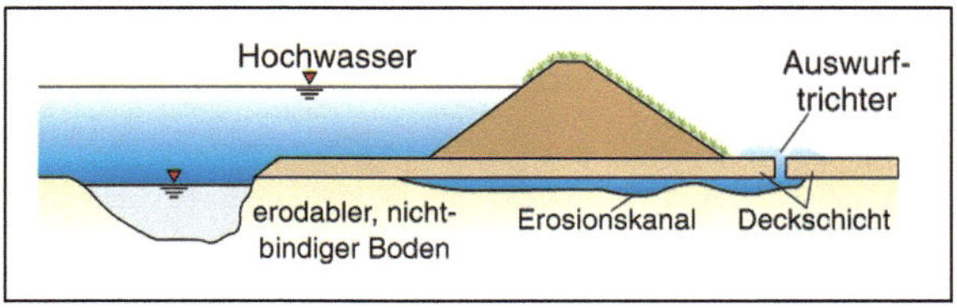

Abbildung 73: Erosionsbildung (Quelle: Bartmann)

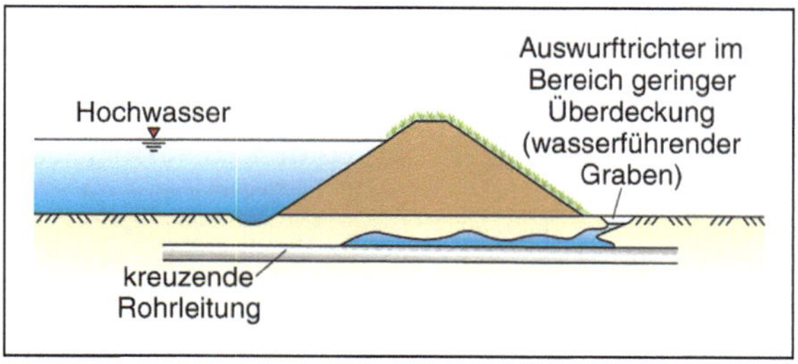

Abbildung 74:
Erosionsbildung infolge kreuzender Rohrleitung
(Quelle: Bartmann)

Sicherungsmaßnahmen
Bau eines Qualmdeiches zur Herstellung eines Gegendruckes. An den Austrittsstellen kann durch Baustahlgewebematten mit aufgespannten Filtermatten und Auflast (z.B. Sandsäcke, Steine oder loser Sand) ein weiteres Aufquellen verhindert werden. Die Grasnarbe darf bei den Arbeiten nicht verletzt werden.

Hilfsmittel
Filtervlies, Baustahlgewebematten, Maschendraht, Sand, Sandsäcke, Steine.

■ Überströmung

Erscheinungsformen
Über den Deich strömendes Wasser führt zur Erosion der Deichoberfläche. Es besteht akute Deichbruchgefahr!

Ursache
Ansteigender Wasserstand überspült die Deichkrone oder die Deichaufhöhung. Ursächlich können ebenso Setzungen im Deich oder Absackungen aufgrund innerer Erosion sein. Auch Teileinstürze des Deichs aus anderen Gründen können eine Überströmung zur Folge haben.

Sicherungsmaßnahmen
Falls die Zeit vor einer Überströmung noch ausreicht, sollte eine Folie auf dem Deich ausgebreitet werden, um der Erosion vorzubeugen. Die Folie sollte wasserseitig so tief wie möglich fixiert (Rohre, Sandsäcke) werden. Das Gewicht des überströmenden Wassers drückt die Folie fest an den Deich.

Ist die landseitige Deichböschung bereits in Bewegung, kann als letzter Versuch der Böschungsfuß durch Vorschüttungen gesichert werden, sofern der Untergrund dies noch zulässt. Die Belastung der abrutschenden und meist aufgeweichten Böschungsbereiche ist unter allen Umständen zu vermeiden.

Hinweis: Bei diesen Maßnahmen ist eine dauernde Beobachtung der Böschung notwendig, damit die Einsatzkräfte rechtzeitig zurückgezogen werden können, falls sich die Deichverteidigung als erfolglos erweisen sollte.

■ Deichbruch

Ob ein Deichbruch noch reparabel ist, hängt von der Länge und Tiefe des Durchbruches ab. Ob die Lehrmeinungen für Abwehrmaßnahmen beim Deichbruch im Einzelfall anwendbar sind, wird immer eine Entscheidung des Einsatzleiters sein. Er hat abzuwägen zwischen dem sehr hohen Sicherheitsrisiko für die Helfer und dem daraus resultierenden Stellenwert bei wahrscheinlich eintretendem Erfolg dieser Maßnahme. Die Abbildung 75 zeigt einen Deichbruch bei Radebeul während der Hochwasserkatastrophe im August 2002.

Abbildung 75: Deichbruch bei Radebeul (Quelle: Bartmann)

Anhand dieses Realbildes soll dargestellt werden, wie man – rein theoretisch – einen solchen Dammbruch schließen könnte. Als Erstmaßnahme ist die Reduzierung der Strömungsgeschwindigkeit an der Durchbruchstelle erforderlich. Das Einbringen eines **Schwimmbaumes** oder einer **Senkfaschine** wird dazu häufig empfohlen, dürfte aber aufgrund der Ausdehnung in diesem Fall nicht ausreichend sein. Vielmehr ist das Einbringen von **Steinpaketen** mit Hubschraubern zweckmäßig. Das Abwerfen von Sandsackpaketen mit Hubschraubern hat sich während des Oderhochwassers 1997 nicht bewährt. Während der Hochwasserkatastrophe im August 2002 wurde jedoch von verschiedenen Dammbrüchen berichtet, die mit Hilfe von Hubschraubern zumindest provisorisch abgedichtet werden konnten.

Bei einem Deichbruch besteht die Gefahr, dass alles, was in der Nähe oberhalb bzw. neben dem Bruch auf dem Wasser an der Innenseite des Deichs ist, durch die Öffnung nach außen gespült wird. Der Einsatz von Booten usw. ist daher im direkten Umfeld und über eine stromauf bzw. zur Mitte festzulegende Länge zu untersagen, Arbeiten an der Innenseite sollten unterlassen werden, sie dürfen, wenn unabdingbar, nur nach konkreter Prüfung der Standsicherheit (der Abbruchkanten) und mit Sicherungsleinen erfolgen.

Beim Elb-Hochwasser im Juni 2013 konnte der ca. 90 m lange Deichbruch bei Fischbeck erst durch das Versenken von drei Schiffen mit zusätzlichem Abwerfen von Sandsäcken aus der Luft geschlossen werden. Hier wurde die Bundeswehr ebenso eingesetzt wie für Entlastungssprengungen des Deiches zum Fluten von kurzfristigen bestimmten Retentionsflächen.

Die Steinpakete sind versetzt und so anzuordnen, dass sich die Pakete der dem Wasser zugeneigten Seite durch den Wasserdruck auf die Pakete der dem Wasser abgeneigten Seite stützen können *(siehe Abb. 76)*.

Der Einsatz mehrerer Luftfahrzeuge (z.B. Drohnen, Hubschrauber, Flächenflugzeuge) muss koordiniert erfolgen. Die Grundsätze der Fachempfehlung Luftfahrzeugeinsatz müssen eingehalten werden, um Einsatzkräfte nicht zu gefährden und die Ziele effektiv und effizient zu erreichen (DFV, 2022 bzw. Cimolino/Brust/Otte/Schmid, 2024).

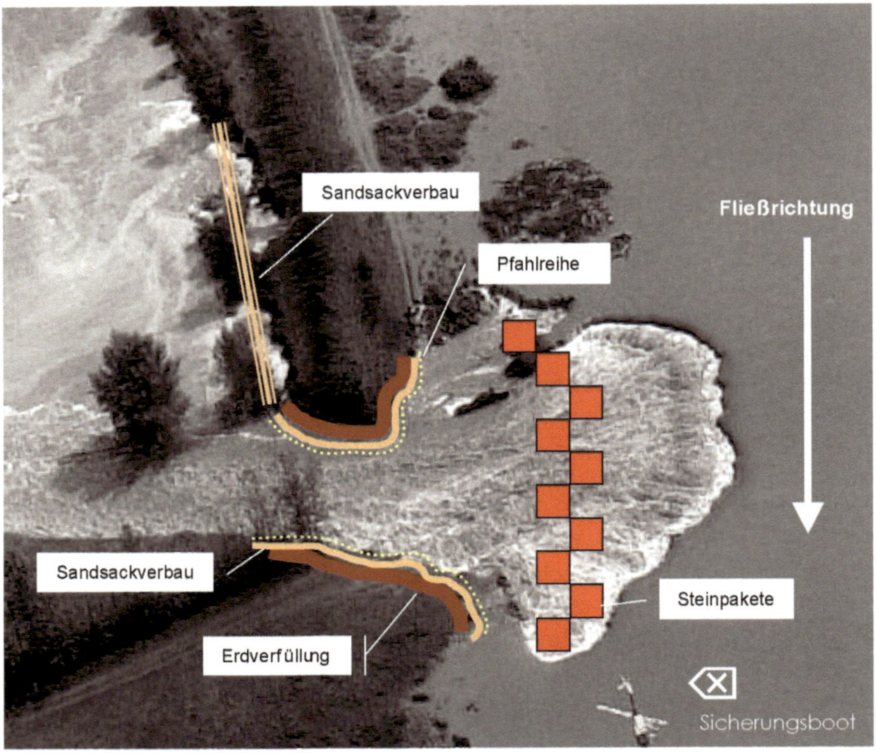

Abbildung 76: Dammbruchschließung, Phase 1 (Quelle: Bartmann)

Das Einsprechen der anfliegenden Hubschrauber erfolgt von einem Einweiser mit einem Funkgerät[1] auf einem Sicherungsboot im Unterstrombereich. Dieses Boot bleibt während der gesamten Aktion im Unterwasser der Durchbruchstelle, um eventuell ins Wasser fallende und abtreibende Helfer aufnehmen zu können.

[1] Je nach Hubschrauberbetreiber steht dafür nicht immer BOS-Funk zur Verfügung! Insbesondere leistungsfähigere Hubschrauber der Bundeswehr oder privater Dienstleister haben diesen nicht eingebaut, hier muss auf Flugfunk ausgewichen werden! Ein Kommunikationskonzept muss über die EAL Luftfahrzeugeinsatz erstellt werden, vgl. DFV, 2022 und Cimolino/Brust/Otte/Schmid, 2024.

Die Bruchkanten sind nun mit Pfählen in Abständen von etwa 20 cm und Sandsäcken zu sichern. Hinter der Pfahlreihe wird der Hohlraum mit Erdmaterial aufgefüllt. Die Arbeiten sind auf beiden Seiten von der Wasserseite zur Landseite durchzuführen.

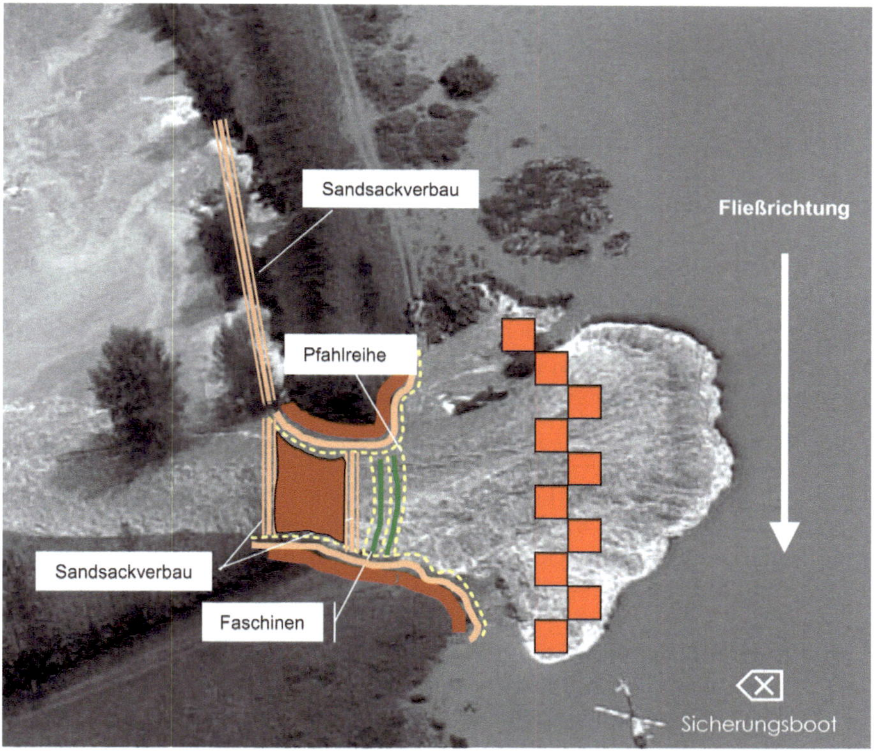

Abbildung 77: Dammbruchschließung, Phase 2 (Quelle: Bartmann)

Auf der bereits überfluteten Landseite ist – soweit dies aufgrund der Wassertiefe möglich ist – in ausreichender Entfernung zur Bruchstelle, damit das Boot bei weiterem Ausbrechen des Deiches nicht gefährdet werden kann – ebenfalls ein Rettungsboot in Bereitschaft zu halten.

Als zusätzliche Maßnahme sind die auf der Landseite sichtbaren Rutschungen durch Sandsackverbau zu sichern.

Beim Schließen des Deichbruches ist, ebenfalls von der Wasserseite her, von beiden Seiten zur Mitte zu beginnen. Dabei sind drei bis vier Pfahlreihen im Abstand von etwa 60 cm zu schlagen, Faschinen einzubringen und Sandsäcke einzubauen. Die Faschinen werden mit Draht an den Pfählen befestigt.

Folien erhöhen die Dichtigkeit des Verbaues. Der geschlossene Deichbruch ist landseitig mit drei bis vier Reihen Sandsäcken zu sichern. Der verbleibende Zwischenraum ist mit Erdreich zu verfüllen.

Soweit die Landwege ober- und unterhalb der Bruchstelle noch zu befahren sind, ist auf geeignete Lastkraftwagen zurückzugreifen. Nach Möglichkeit sind zur Verringerung des Bodendruckes drei- oder vierachsige Fahrzeuge zu verwenden und die Nutzlast ist nur zu etwa 50 % auszuschöpfen, um so das Lastgewicht auf dem aufgeweichten Boden möglichst gut zu verteilen.

In dieser Broschüre ist mehrmals von **Faschinen** die Rede. Das sind walzenförmige Strauchwerkbündel. Sie bilden, wenn sie mit den Haltepfählen fest verankert sind, den notwendigen Rückhalt für die die eigentliche Abdichtung bewirkenden Sandsäcke oder dienen als Senk- und Wasserfaschinen zum Ausfüllen von Unterspülungen.

Das zur Herstellung von Faschinen erforderliche Reisig wird durch Abästen von Bäumen und Aushauen von geeignetem Buschwerk gewonnen. Brauchbar sind alle Bäume und Sträucher, deren Äste nicht zu knorrig oder zu spröde sind *(siehe Zusatzinformationen im Download-Bereich)*.

4.4 Pumparbeiten in Gebäuden

Vor allen Arbeiten in Gebäuden in überfluteten Bereichen ist zu prüfen:

- Ist das Gebäude stromlos geschaltet?
- Mit einem geeigneten Spannungsprüfer ist zu testen, ob gefährliche Spannung anliegen. Die Rahmenbedingungen dafür müssen bekannt sein bzw. beachtet werden, vgl. DGUV, 2021.
- Mit einem Ex-/Ox-Messgerät ist zu prüfen, ob
  - eine explosionsgefährliche Atmosphäre (z.B. durch ausströmendes Gas oder aus abgerissenen Gastanks) besteht.
  - genug Sauerstoff vorhanden ist. (Das ist insbesondere nach einiger Zeit in überschwemmten Kellern wichtig, weil sich u.U. Gär- oder Faulgase bilden können, die den Sauerstoff verdrängen.)

An dieser Stelle wird lediglich die Problematik bei Pumparbeiten in Gebäuden – insbesondere Kellergeschossen – angesprochen. Das Abpumpen von Wasser im Freigelände gehört zu den Grundtätigkeiten der Feuerwehr und muss hier nicht näher besprochen werden.

Für alle Pumparbeiten aus Überschwemmungen gilt jedoch:

Feuerlöschkreiselpumpen sind dafür nicht geeignet. Diese Pumpen werden durch die im Überschwemmungsgebiet mitgeführten Teilchen (v.a. Sand, Kiesel, organische Reste) schnell an den Sieben verstopft bzw. in kurzer Zeit zerstört.

Schmutzwasserpumpen sind dafür besser geeignet, sie vertragen je nach Bauart sogar größere Kieselsteine.

Bei Pumpbedarf im Zuge von Überschwemmungen sind daher rechtzeitig ausreichend viele Schmutzwasserpumpen anzufordern bzw. (z.B. aus Katastrophenschutzlagern) heranzuführen. Für einige Varianten der Großpumpen (z.B. Hytrans) gibt es eigene Lenzsätze. Die Pumpen müssen damit vor dem Einsatz entsprechend um- und danach wieder zurückgerüstet werden.

Bei Bauwerken in hochwassergefährdeten Gebieten sind die Wasservorkommen in unterirdisch und oberirdisch anfallendes Wasser zu unterscheiden. Ein Hochwasserereignis bringt stets, wenn auch mit zeitlicher Verzögerung, einen Anstieg des Grundwasserspiegels mit sich. So sind hinter einem Deich stehende Gebäude zwar primär vor Hochwasser geschützt, dennoch kann der Anstieg des Grundwasserspiegels ihre erdberührenden Bauteile sekundär belasten.

In hochwassergefährdeten Gebieten tragen sich die Bauherren gelegentlich mit dem Gedanken, auf ein Kellergeschoss zu verzichten. Bei ungünstigen Bodenverhältnissen ist jedoch die Gefahr einer Unterspülung (→ *Erosion*) groß, weshalb eine kostspielige Pfahlgründung notwendig wäre. Man entscheidet sich daher doch lieber für einen Keller. Allerdings besteht die Möglichkeit, den Keller nicht völlig im Baugrund zu versenken, sondern die Ebene des Erdgeschosses deutlich über das Geländeniveau zu setzen.

So oder so ist das Kellergeschoss in hochwassergefährdeten Gebieten besonders zu schützen. Außen anstehendes Wasser, sei es Grund- oder Hochwasser, übt auf die Außenbauteile einen hydrostatischen Druck aus, mit der Folge, dass das Wasser durch jede noch so kleine Fehlstelle in das Gebäude dringt *(siehe Zusatzinformationen im Download-Bereich)*.

Bei wasserumspülten Gebäuden werden Auftriebskräfte wirksam, welche die Standfestigkeit bedrohen können. Diese Kräfte sind von der Eintauchtiefe des Gebäudes und von seiner Masse abhängig. Diese Auftriebskräfte müssen von der Gebäudelast um mindestens 10 % überschritten werden, um ein „Aufschwimmen" des Bauwerks zu verhindern. Bei Gebäuden mir nur wenigen Geschossen ist die entstehende Auftriebskraft schnell größer als die ihr entgegenwirkende Gewichtskraft, besonders dann, wenn Wasser über der Geländeoberkante ansteht. Den Auftriebskräften kann durch eine zusätzliche Verankerung des Gebäudes im Boden entgegengewirkt werden. Damit verbunden ist auch die Verstärkung von Außenwänden und Bodenplatte des Kellergeschosses, um dem anstehenden hydrostatischen Druck zu widerstehen, der von außen auf die Bauteile wirkt *(siehe Abb. 78)*.

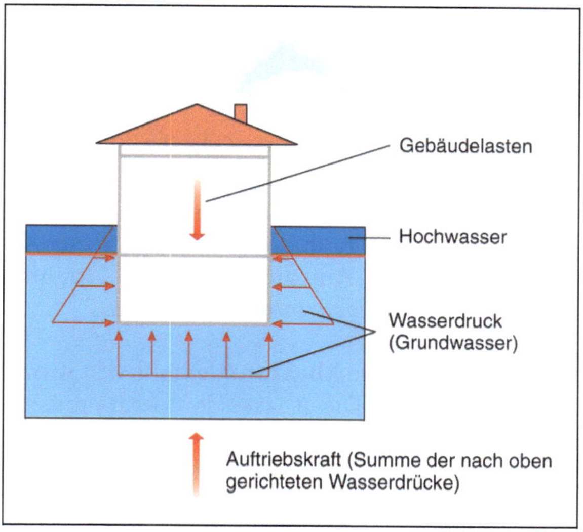

Abbildung 78:
Wasserdruck und Auftriebskräfte an Bauwerken bei Hochwasser (Quelle: Bartmann)

Wurden die erwähnten Verstärkungen nicht eingebaut, kann sich aufgrund der wirkenden Kräfte das Gebäude, wenn auch nur wenige Millimeter, heben. Nach Rückgang des Grundwasserspiegels und damit des Auftriebes setzt sich das Gebäude meist ungleichmäßig oder nicht in der ursprünglichen Position. Daraus resultieren unterschiedlich verlaufende Schadensbilder (z.B. Aufbrechen der Bodenplatte, innere Erosion (Ausspülung), hydraulischer Grundbruch). Diese Schäden sind unter Umständen erst nach Jahren feststellbar, und ein kausaler Zusammenhang zwischen Schaden und Hochwasser ist in der Regel dann nicht mehr belegbar.

Da die vorgenannten Verstärkungen sehr kostenintensiv sind, könnte alternativ eine Flutung der Keller im Hochwasserfall in Kauf genommen werden. Zumindest bei untergeordneten Kellern wäre dies unter Berücksichtigung von wasserunempfindlichen Baustoffen eine kostengünstige Wahl. Die willentliche Flutung eines Kellers mit sauberem Wasser durch die Feuerwehr, wie teilweise in der Fachliteratur vorgeschlagen, sollte nur dann erfolgen, wenn andere Mittel nicht zur Verfügung stehen. Besser wäre das Einbringen von wassergefüllten Auffangbehältern gegebenenfalls in Verbindung mit

Sandsäcken. Auch hier sind allerdings Absprachen mit dem Gebäudeeigentümer bzw. den Statikern nötig, um insbesondere bei größeren Flächen Risse durch zu hohe Punktlasten zu vermeiden.

In Anbetracht der möglichen Nachteile ist durch den Einsatzleiter in Absprache mit einem Sachkundigen (z.B. Bauingenieur, Statiker) abzuwägen zwischen möglichen und wahrscheinlichen Gebäudeschäden bei **Pumparbeiten** und Sachschäden an Lagergut sowie Einschränkungen der Energieversorgung bei einem Verzicht auf Pumparbeiten. Auf die besonderen Gefahren durch elektrische Energie in überfluteten Kellern wird hingewiesen.

Werden Pumparbeiten durchgeführt, ist auf die **Abgasproblematik** der Stromaggregate und eventuell Pumpen zu achten. Die Abgase der Geräte müssen zuverlässig so geführt werden, dass ihr Eindringen über Zugänge, Fenster und Schächte sicher ausgeschlossen ist. Im Zweifelsfall müssen die Kellerräume vor der Freigabe durch die Feuerwehr mit entsprechenden Messgeräten geprüft werden. CO-Warngeräte an den Einsatzkräften warnen hier meist zuverlässig auch vor zu viel Abgasen im Freien.

4.5 Taucheinsatz

Abbildung 79: Deichsicherung durch Taucher (Quelle: Männche)

Taucheinsätze bei Hochwasserlagen sind aus folgenden Gründen schwierig:

- Schlechte Sicht durch eingespülte bzw. mitgerissene Schwemmstoffe.
- Hindernisse treiben auch unter Wasser mit der Strömung.
- Viele Bereiche sind überspült, jeder Gartenzaun mit Spitzen kann so gefährlich werden.
- Sogwirkungen an Durchlässen können bei größerem Anstau nicht erkannt werden.

Taucheinsätze bei Sturzflutlagen sind höchst problematisch, weil

- starke Strömungen herrschen, die sich schnell verändern können,
- die Sicht gegen Null geht.

Bei diesen Lagen ist zu berücksichtigen, dass die Gewässer in der Regel mit **Schadstoffen** belastet sind. Als Schadstoffquellen kommen in Betracht:

- aufgeschwemmte Abfälle und sonstige schadstoffhaltige Stoffe,
- Abwässer und Schlämme aus Abwasserbehandlungsanlagen (einschließlich Leitungen), dezentralen Sammelgruben, Kleinkläranlagen,
- Gülle, Jauche usw.,
- Mineralöle und Kraftstoffe aus Öltanks, havarierten Binnenschiffen sowie Ölheizungsanlagen in Wohngebieten,
- sonstige Chemikalien aus überschwemmten Industrieanlagen und Landwirtschaftsbetrieben.

Im Wasser umgeben Schadstoffe, wenn sie nicht schwerer als Wasser sind, den Taucher als Suspension. Sie kann durch den Tauchanzug, Atemregler und die Maske eindringen und gesundheitliche Schäden verursachen.

Hinweis: Taucheinsätze der Feuerwehr in Hochwassergebieten sind grundsätzlich nach den Kriterien der DGUV Information 201-034 „Taucheinsätze in kontaminiertem Wasser“ abzuwickeln.

Bei Taucheinsätzen der Feuerwehr zur „Technischen Hilfeleistung“ in überschwemmten Gebieten ist unabhängig von der Feuerwehr-Dienstvorschrift

(FwDV) 8 „Tauchen" prinzipiell erst dann mit dem Taucheinsatz zu beginnen, wenn dem Taucheinsatzführer das Ergebnis der in der DGUV-Information 201-034 (frühere BGI 898) geforderten **Erkundung** vorliegt. Unter Berücksichtigung der dort aufgeführten Gefährdungen hat der Einsatzleiter in einer Anweisung (Betriebsanweisung und Unterweisung nach § 20 GefStoffV) entsprechend der Technischen Regeln für Gefahrstoffe (TRGS 555) die im Zusammenhang mit den vorhandenen Gefahrstoffen erforderlichen Schutzmaßnahmen und Verhaltensregeln festzulegen.

4.6 Einsatz „Dritter"

Insbesondere bei Flächenlagen werden sich Nachbarn helfen (klassische Nachbarschaftshilfe), Vereine in den Gemeinden unterstützen wollen, Firmen sich einbringen und bei größeren Lagen auch schnell viele ungebundene Helfer (bzw. Spontanhelfer) mehr oder weniger organisiert (über Social-Media-Kanäle) sich einsetzen – oder eingesetzt werden wollen. Das kann und soll man auch nicht unterbinden, sondern man muss es steuern.

Um zu vermeiden, dass diese Kräfte aus Unwissenheit vermeidbare Fehler begehen, oder sich und andere in Gefahr bringen, muss auch deren Einsatz begleitet, angeleitet bzw. geführt und gesteuert werden. Dazu gehört schon zu Beginn das Freihalten der Verkehrswege für Einsatzfahrzeuge, die Zuweisung von Parkflächen außerhalb des eigentlichen Schadensgebietes und die Organisation eines (Bus-)Pendelverkehres zur Entlastung der Verkehrswege.

Wertvolle Hilfe kann z.B. beim Füllen, Transport und Verlegen von Sandsäcken geleistet werden, wenn man die üblichen Fehler (zu viel Sand im Sack, zu viele Sandsäcke auf einer Palette, die dadurch zu schwer wird, bzw. ungeplanten oder falschen Verbau) vermeidet.

Spontanhelfer kommen aber v.a. dann sinnvoll zum Einsatz (*siehe Abb. 80*), wenn die eigentliche primäre Gefahrenabwehr bereits dem Ende zugeht und es z.B. um das tage- bzw. wochenlange Ausräumen von Schutt, dessen Sortierung und Abtransport sowie Hilfe beim ersten Wiederaufbau geht.

Abbildung 80: Spontanhelfer müssen angeleitet werden, um Fehler zu vermeiden. Dieser Sandsackwall wird auch mit der Verstärkung durch eine Feuerwehrleiter nicht halten. Die Leiter taugt so auch nicht als Geländer zum Hochwasserbereich. Zudem hat keine Person so nah am Wasser eine Rettungsweste an (Quelle: Feuerwehr Düsseldorf)

Heute können auch viele Dienstleister, wie z.B. Maschinenringe der Landwirtschaft, die letztlich daraus entstandene Vernetzung von redfarmer.eu, Baufirmen oder spezialisierte Firmen für die Einsatzunterstützung (z.B. JOLA-rent für BOS insbesondere auch für den Hochwassereinsatz) wertvolle Unterstützung leisten. Sie sollten sich im Rahmen der Einsatzvorbereitung informieren, wer was in ihrer Region in welcher Zeit bereitstellen kann.

In allen Fällen hat der Einsatzleiter für die eingesetzten zivilen Helfer auch eine Verantwortung, die zu beachten ist. Das betrifft den Einsatz in Gefahrenbereichen ebenso wie die ggf. notwendige Bereitstellung von einem Mindestmaß an PSA (z.B. geeignete Schutzhandschuhe).

4.7 Persönliche Schutzausrüstung

Am und im Wasser tätig zu sein heißt, sich gefährlichen Herausforderungen zu stellen. Gute Ausbildung, körperliche Fitness und eine hochwertige persönliche Schutzausrüstung (PSA) bilden die Grundlage für einen erfolgreichen Einsatz.

Jeder Wasserretter muss bei seiner Tätigkeit die komplette PSA tragen, die für diese Lage notwendig ist, um Unfälle zu verhüten (vgl. SER Wasserrettung, Cimolino, 2011). Die Inhalte der folgenden Seiten stammen daraus und wurden für diese Broschüre überarbeitet und aktualisiert.

Es reicht nicht aus, dass die Schutzkleidung nur reinen gefährdungsorientierten Schutz bietet, ebenso wichtig sind Aspekte wie Bewegungsfreiheit beim Schwimmen, Handhabung und Pflege.

Hinweis: Achten Sie bei der Auswahl der jeweiligen PSA-Teile wie immer auf die wechselseitigen Beeinflussungen (z.B. Nasstauchanzug mit Helm) und die persönliche Passform!

Wenn die PSA bei jedem Wasserretter identisch mit Zubehör (z.B. Lampe, Kappmesser/-schere an den immer gleichen Stellen) ausgestattet ist, ermöglicht dies leichter die gegenseitige Hilfe bei Problemen.

Hinweis: Viele Bestandteile der PSA unterliegen regelmäßigen Prüfungen (z.B. Rettungswesten) oder haben ein „Ablaufdatum“ (z.B. i.d.R. die Kunststoffhelme).

Es liegt in der Verantwortung der Leitung der Wasserretter, dafür zu sorgen, dass die notwendigen Prüfungen rechtzeitig und qualifiziert durchgeführt werden bzw. für Ersatz gesorgt wird.

In hiesigen Breitengraden kommt praktisch nur der Nasstauchanzug (mit oder ohne Kapuze[1]) in Frage. Trockentauchanzüge werden in der Oberflächen-Wasserrettung selten verwendet, weil sie zu schwierig anzulegen sind und man damit im Verhältnis unbeweglicher ist.

Bootsbesatzungen sollten bei kalter Witterung ggf. entsprechende Schutzanzüge (= Überlebensanzüge) tragen, die nicht nur gegen das „Wetter“, sondern auch bei einem Sturz ins kalte Wasser gut schützen. Diese Überlebensanzüge eignen sich auch für die Eisrettung.

---

1 Die Anzüge sollten vorzugsweise mit Kapuzen genutzt werden, weil über den Kopf im Verhältnis die meiste Wärme verloren geht.

■ Nasstauchanzug

Der Nasstauchanzug nach DIN EN 14225-1 Tauchanzüge – Teil 1: Nasstauchanzüge – Anforderungen und Prüfverfahren; Deutsche Fassung EN 14225-1:2017 ist i.d.R. aus 6 mm Neopren mit Außen- und Innenkaschierung gefertigt. Die Signalfarbe (z.B. rot) als Grundfarbe sorgt für eine gute Erkennbarkeit des Wasserretters.

Die Belastungszonen sind zusätzlich mit PU verstärkt. Innenseitig eingearbeitete Verstärkungen im Bereich der Schienbeine und Unterarme erhöhen die Sicherheit zusätzlich. Der Frontreißverschluss mit Neoprendichtlippe ermöglicht ein schnelles Anziehen des Anzuges. Die separate Kopfhaube erlaubt es je nach Jahreszeit auf eine leichtere Unterziehhaube umzusteigen. Durch Manschettenabschlüsse an den Armen und Beinen wird der Wasseraustausch im Anzug vermindert. Ein dünner Wasserfilm zwischen Anzug und Haut wird vom Körper erwärmt und sorgt für zusätzliche Isolation.

Hinweis: Der Anzug muss wie eine zweite Haut anliegen, um einen optimalen Kälteschutz zu gewährleisten. Zu weite Anzüge sorgen für ein Kälteproblem, zu enge Anzüge behindern die Beweglichkeit!

■ Überlebensanzüge

Überlebensanzüge sind nicht für die direkte Rettung im Wasser geeignet, weil man damit zu unbeweglich ist. Sie sind aber als Schutz für z.B. Bootsbesatzungen geeignet und je nach Einsatzgebiet, Auftrag und Witterung auch zwingend erforderlich. Außerdem eignen sie sich gut zur Eisrettung (*siehe Abb. 81a und b*).

Sie ersetzen die Rettungsweste, da sie über den nötigen Auftrieb verfügen und den Verunfallten auch in eine ertrinkungssichere Lage bringen. Sie erleichtern dessen Rettung.

Abbildung 81a und b: Überlebensanzüge schützen vor Kälte und dem Ertrinken, aber behindern die Beweglichkeit. Sie sind gut geeignet zur Eisrettung (Quelle: Adam, Feuerwehr Unterdürrbach)

■ Rettungswesten

Für den Feuerwehreinsatz gilt grundsätzlich die UVV Feuerwehr (DGUV Vorschrift 49). In den Erläuterungen dazu erwähnt die DGUV in ihrer Regel 105-049 „Feuerwehren" mehrfach Art und Verwendung der Auftriebsmittel wie i.d.R. Rettungswesten gemäß DIN EN 399 „Rettungswesten und Schwimmhilfen – 275 N". Dies bezieht sich auf die Sicherung von FA mit Feuerwehreinsatzkleidung[1] (vgl. dazu auch ausführlich DGUV 212-004!).

Wird spezielle Schutzausrüstung, z.B. für Rettungsschwimmer mit/ohne Neoprenschutzanzüge verwendet, muss dies angepasst werden, weil der hohe Auftrieb der „Feuerwehrrettungsweste" ungeeignet ist.

Hinweis: Achten Sie bei den Rettungswesten auf die ggf. erforderlichen Prüfungen bzw. Ablegefristen!

[1] Auf 150 N kann nur reduziert werden, wenn die Einsatzkräfte keine Überbekleidung für den Innenangriff (nach DIN EN 469 bzw. HuPF 1 und 4) tragen. Hinweis der Verfasser: Grundsätzlich sollte ergänzende Ausrüstung zur PSA so am Körper getragen bzw. an der PSA befestigt werden, dass weder das Anblasen eines Auftriebsmittels in seiner Wirkung, noch die Schwimmfähigkeit der Einsatzkraft behindert werden.

■ Wildwasser-Schwimmweste

Die „Wildwasserweste“ (früher nach EN 393, heute wird z.B. von der DLRG die Beschaffung nach DIN EN ISO 12402-6 „Rettungswesten für besondere Einsatzzwecke“ empfohlen) ist eine Unterart der Festkörperschwimmweste, aber für einen sehr spezialisierten Anwendungsbereich. Sie hat einen Mindestauftrieb von 50 Newton und schützt vor dem Untergehen. Die Bewegungsfreiheit beim Schwimmen wird dabei nicht eingeschränkt.

Sie ist für geübte Schwimmer konzipiert, die sich gegenseitig schnell zur Hilfe kommen können.

Merke: Die „Wildwasserweste“ ist nicht ertrinkungssicher!

Die Wildwasserweste hat einen umlaufenden Gurt, der vor der Brust mit einer Klappschnalle verschlossen wird. Im Panikfall kann der Verschluss unter Belastung mit einer Griffkugel blitzschnell geöffnet werden. Auf diese Weise entsteht ein lösbares System für Notsituationen. Am Rücken wird in den Gurt ein Metallring mit einem Cowtail (dehnbare Leine) zur Zugentlastung befestigt. Das andere Ende des Cowtails ist mit einem speziellen Karabiner ausgestattet. Der Cowtail wird für die Eigensicherung bei der Rettung verwendet, z.B. beim „gesicherten Anschwimmen“, wenn schnell in einen Wurfsack eingehakt werden muss. Ein weiterer Vorteil an diesem System ist, dass sich der Wasserretter immer selbst in eine Sicherung ein- und aushängen kann. Der Karabiner wird an der Vorderseite der Rettungsweste in einem speziellen D-Ring mit Schnellauslösung bereitgehalten, aus dem man ihn im Bedarfsfall mit einem Ruck schnell herauslösen kann. Mehrere Einstellmöglichkeiten sorgen für eine gute Passform der Weste. Durch Schaumstoffeinlagen in der Weste wird ein gewisser Prallschutz erzielt.

Abbildung 82:
Wildwasserweste der Wasserwacht
(Quelle: Dr. Cimolino)

■ Festkörperschwimmwesten

Handelsübliche Festkörperschwimmwesten sind zwar preiswert, sie behindern allerdings relativ stark in der Arbeit und stellen nicht mehr den Stand der Technik dar.

■ Selbst aufblasende Rettungswesten

Sich selbst beim Kontakt mit Wasser aufblasende Rettungswesten gibt es in verschiedenen Ausführungen und Auftriebsstärken nun seit einigen Jahren in der Normenreihe der DIN EN ISO 12402.

Reicht für den „normalen Wasserretter“ auf Booten bzw. am Ufer ggf. im Sommer noch eine Rettungsweste Typ 100 (100 Newton Auftrieb), so sollte bei etwas mehr Schutzkleidung (Kälteschutz) in jedem Fall mindestens eine Rettungsweste Typ 150 (150 Newton Auftrieb) gewählt werden.

Bei luftundurchlässiger Einsatzkleidung ist zu beachten, dass durch Lufteinschlüsse die Drehung in eine ertrinkungssichere Rückenlage verhindert werden kann. Dem kann mit Rettungswesten vom Typ 275 (275 Newton Auftrieb) begegnet werden. Auch Feuerwehrkräfte, die zusätzlich Brandschutzaufgaben übernehmen müssen, benötigen mindestens eine Schwimmweste Typ 275[1]. Müssen Brandbekämpfungsaufgaben wahrgenommen werden, sollten entsprechend dafür geeignete Schwimmwesten ausgewählt werden.

Auf Grund der Verwechslungsgefahr im Einsatzfall ist ggf. zu überlegen, ob nicht nur Rettungswesten vom Typ 275 vorgehalten werden.

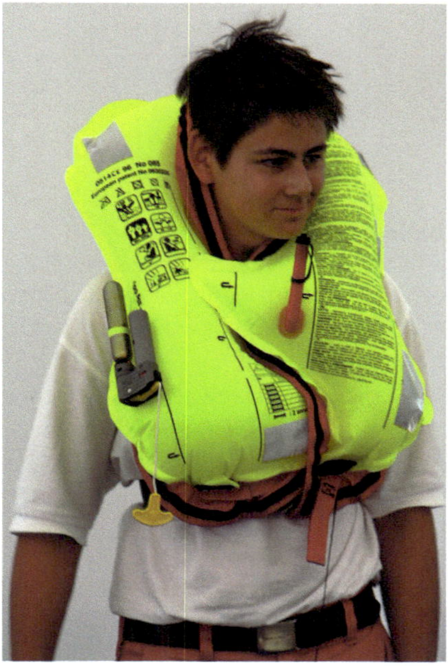

Abbildung 83:
Nur eine fest am Körper sitzende Rettungsweste kann eine Person in eine ertrinkungssichere Lage drehen. Es ist zu beachten, dass der Abstand zwischen Körper und Brustgurt maximal nur ca. 2 cm (zwei Finger) beträgt (Quelle: Baumgartner)

[1] Vgl. UVV Feuerwehren, DGUV Vorschrift 49, § 14 (2) i.V.m. DGUV Regel 105-049.

■ Helme

Das Arbeiten am oder auf dem Wasser erfordert im Regelfall keinen Feuerwehrhelm. Er kann sogar behindern oder eine weitere Gefahr darstellen. Der Feuerwehrhelm sollte aber überall da getragen werden, wo Risiken der Kopfverletzung bestehen.

Abbildung 84:
Beim Einsatz von Kränen am Wasser ist ein Helm auch auf dem Wasser natürlich obligatorisch (Quelle: Adam, Feuerwehr Unterdürrbach)

Bei der Wasserrettung aus Schluchten, in stark fließenden Gewässern, zwischen Hindernissen und bei Unterstützung „von oben“ (von Brücken, Hubrettungsfahrzeugen oder Hubschraubern) empfehlen wir eher spezielle Helme z.B. aus dem Bereich der professionellen Wasserrettung oder des Berg- bzw. Wassersports, weil diese auf die dort herrschenden Bedingungen optimiert sind.

Merke: Der entsprechende Helm wie auch ggf. sonstige notwendige PSA (Rettungsweste) ist bei entsprechenden Gefahren grundsätzlich im bzw. auf dem Wasser und auch im Uferbereich zu tragen!

Beim Bekleben der Helme mit Reflexstreifen sind unbedingt die Herstellerangaben zu beachten. Lösungsmittel im Kleber können die Helmschale angreifen und deren Stabilität beeinträchtigen. Dies gilt auch für den Anbau von Stablampen, hierbei dürfen Veränderungen am Helm nur nach Maßgabe der Hersteller vorgenommen werden. Die i.d.R. rote oder gelbe Signalfarbe des Helmes ist ein wichtiger Sicherheitsfaktor, um den Wasserretter beim Schwimmen zu erkennen.

■ Wildwasserhelm

Der Wildwasserhelm nach EN 1385 ist so konzipiert, dass er vor einem direkten Aufprall mit dem Kopf schützt. Er umschließt die Ohren und die Schädelbasis *(siehe Abb. 84)*. Ein Kletterhelm hingegen schützt in erster Linie gegen Steinschlag von oben. Der Schutzhelm muss ggf. auch mit Neoprenhaube (je nach Anzug) noch stabil und bequem sitzen. Durch den Stirngurt ist eine schnelle Größenanpassung möglich.

Belüftungsöffnungen im Helm sorgen beim Sprung ins Wasser für den nötigen Luftaustritt und beim Aufenthalt im Wasser für ein Durchströmen des Helmes, um die Zug- bzw. Druckkräfte vom Helm auf den Kopf zu minimieren.

■ Kletterhelm

In Einsatzbereichen, wo Wasserretter Einsatztechniken der Absturzsicherung anwenden müssen oder Gefahr durch Steinschlag von oben auftreten kann, kommen auch Kletterhelme mit Luftlöchern zum Einsatz (*siehe Abb. 85*).

Abbildung 85:
Wasserretter haben ein Fahrzeug zur Bergung vorbereitet. Die Helfer im Uferbereich tragen zusätzlich zur Einsatzkleidung eine automatische Rettungsweste und einen Kletterhelm (Gefahr von oben durch den Kranbetrieb)
(Quelle: Baumgartner)

■ Schuhe und Neoprensocken

Sicherer Halt, Schutz vor Verletzungen und Tragekomfort sind Anforderung an einen Einsatzschuh. Dies gilt auch für den Bereich Fließwasserrettung. Selbstverständlich reicht für die Arbeit z.B. im Uferbereich auch ein üblicher (Feuerwehr-)Schutzschuh, dieser ist wiederum für die Arbeit im Wasser eher ungeeignet, weil er vollläuft, sich je nach Material vollsaugt und dann zu schwer am Fuß wird.

■ Canyoningschuhe

Aus dem Extremsport Canyoning stehen spezielle Schuhe zur Verfügung, die natürlich auch für die Rettung aus engen wasserführenden Schluchten („Canyons") eingesetzt werden können. „Canyoningschuhe" aus Neopren mit einer griffigen Sohle und einer Verstärkung im Knöchelbereich werden dieser Forderung am ehesten gerecht. Mit diesen Schuhen kann auch geklettert und weite Strecken gelaufen werden. Die Größe ist so zu wählen, dass auch noch 3 mm Neoprensocken zum Kälteschutz getragen werden können.

■ Trekkingschuhe

Trekkingschuhe mit einem hohen Textilanteil stellen eine kostengünstigere Alternative dar. Sie sollten mindestens knöchelhoch sein, um besseren Knickschutz zu bieten. Wenn Trekkingschuhe mit Schnürsenkel verwendet werden, müssen diese doppelt geknotet werden, um ein Lösen zu vermeiden.

■ Handschuhe

Da in der Fließwasserrettung viel mit dem Wurfsack, Seilen und Karabinern gearbeitet wird, ist neben dem Kälteschutz und der Robustheit auch Fingerspitzengefühl und hohe Griffsicherheit gefordert. Eine Kombination aus 3 mm Neopren und einem Lederbesatz an der Handinnenfläche stellen die dauerhafteste Lösung dar. Ein Klettverschluss am Handgelenk verhindert, dass der Handschuh bei Schwimmen in der Strömung verrutschen kann. Beim Arbeiten mit Seiltechnik unterliegen Handschuhe einem besonders hohen Verschleiß.

Merke: Handschuhe sind bei der Wasserrettung als Verletzungsschutz unerlässlich.

Abbildung 86:
Beispiel für verschiedene Handschuhe im Bereich der Wasserrettung, die es so schon seit Jahren gibt. Es ist zu beachten, dass Neoprenhandschuhe ohne Lederbesatz beim Durchrutschen eines Seiles durchschmelzen. Hierbei besteht eine erhebliche Verletzungsgefahr (Quelle: Baumgartner)

Für die Arbeit mit Handwerkzeugen, z.B. beim Füllen oder Verlegen von Sandsäcken, sind ebenfalls angepasste Schutz- bzw. Arbeitshandschuhe notwendig, um Verletzungen zu vermeiden *(siehe Abb. 86)*!

Beim Umgang mit Patienten oder natürlich auch mit Toten[1] ist das Tragen von entsprechenden stabilen Einwegschutzhandschuhen obligatorisch.

■ Zubehör an PSA

Kappwerkzeug

Der Wasserretter ist bei der Eigen- oder Fremdrettung ohne Kappwerkzeug häufig hilflos. Es ist so an der Ausrüstung, am besten also an der Wildwasserweste unterzubringen, dass es mit jeder Hand leicht erreicht werden kann. Eine einfache Einhandbedienung auch mit Handschuhen ist ein weiterer Aspekt bei der Auswahl. Kappmesserklingen mit Wellenschliff erleichtern das Durchtrennen von Seilen und Bandmaterial deutlich.

Der Einsatz eines Messers unter Zeitdruck bei unübersichtlichen Bedingungen kann schnell zu Verletzungen führen. Eine Kappschere stellt hier eine sichere Alternative dar. Ambossscheren haben eine sehr hohe Schneidleis-

[1] Denken Sie daran, dass Wasserleichen je nach Wassertemperatur bereits nach wenigen Tagen beim Bergen im wahrsten Sinne auseinanderfallen können. Sorgen Sie durch rechtzeitigen Einsatz von Folien und geeigneter Schutzkleidung vor, vgl. BGI 5026 bzw. identische Folgenummerierung DGUV Information 214-021: https://publikationen.dguv.de/widgets/pdf/download/article/116

tung auch bei Bandmaterial. Beachten Sie, dass das Kappwerkzeug gegen Verlust an der Wildwasserweste gesichert wird.

Abbildung 87:
Alles für den jeweiligen Einsatz notwendige Werkzeug ist griffbereit in Holstern oder Taschen an der Wildwasserweste untergebracht und zusätzlich gegen Verlust gesichert. Dies ist am besten bei jedem Team-Mitglied identisch ausgeführt
(Quelle: Dr. Cimolino)

Signalpfeife

Die Signalpfeife ist für Situationen mit eingeschränktem Sicht- und Rufkontakt. Es können Kommandos übermittelt und ein Notsignal gegeben werden. Mit der Signalpfeife muss auch im nassen Zustand noch ein lauter Pfiff erzeugt werden können. Sie ist so an der Wildwasserweste unterzubringen, dass sie mit jeder Hand leicht erreicht werden kann.

Lampe

Wasserretter müssen bei Dunkelheit auch außerhalb der Einsatzstellenbeleuchtung z.B. mit Lichtmasten direkt von oder kabelgebunden in der Nähe von Fahrzeugen eingesetzt werden können. Dies ist nur möglich, wenn jeder Wasserretter mit einer wasserdichten Lampe ausgestattet ist. Lampen zur Befestigung am Helm haben den Vorteil, dass die Hände freigehalten werden.

Persönliche Lampen werden umso wichtiger, je weniger eine Umfeldbeleuchtung an den genutzten Booten zur Verfügung steht, oder der Aufbau einer richtigen Einsatzstellenbeleuchtung aufgrund der Umgebung (z.B. Schlucht) nicht schnell genug möglich ist.

Durch ein chemisches „Knicklicht" am Helm (hier des Retters im Wasser) kann die Erkennbarkeit eines Wasserretters in der Dunkelheit zusätzlich erhöht werden. Auch ein Wurfsack, an dem ein solches Licht befestigt ist, kann von einer zu rettenden Person besser wahrgenommen werden.

Reinigung und Hygiene

Bei Hochwasser- und Starkregeneinsätzen werden z.B. häufig die Abwassersysteme sowie Güllegruben usw. der Landwirtschaft geflutet und gehen über. Allein dies sorgt schon für eine starke Keimbelastung.

Die eingesetzte PSA muss daher regelmäßig gewechselt und gereinigt werden. Körperhygiene ist zu beachten (vgl. Cimolino/Bräutigam, 2022). Bei größeren Einsätzen ist das eine erhebliche Herausforderung und muss z.B. über das „Backoffice" des S4 über den Stab geregelt werden.

Abbildung 88:
Bei Einsätzen in überfluteten Gebieten wird die PSA stark beansprucht und verschmutzt. Fast immer laufen Kanäle über und es besteht dann ein ernsthaftes Hygiene- bzw. Reinigungsproblem
(Quelle: Feuerwehr Düsseldorf)

4.8 Selbstkontrolle und Testfragen

(Lösungen siehe Seite 123)

1. Was ist der Unterschied zwischen Boots- und Fährbetrieb?

a) Bootsbetrieb dient dem Transport von Menschen.
b) Fährbetrieb dient dem Transport von Fahrzeugen.
c) Bootsbetrieb hat unterschiedliche Ziele.
d) Fährbetrieb pendelt zwischen zwei festgelegten Orten.
e) Im Fährbetrieb werden keine Rettungswesten getragen.

2. Was ist der Unterschied zwischen einer Evakuierung und Räumung?

a) Evakuierung darf nur durch die Polizei durchgeführt werden.
b) Räumung darf auch durch die Feuerwehr abgewickelt werden.
c) Evakuierung ist die längerfristige Verlegung von Menschen.
d) Evakuierung erfolgt mit Unterbringung, Versorgung und Betreuung.
e) Räumung ist eine kurzfristige Evakuierung.

3. Welche Gefahren birgt eine Dammerhöhung?

a) Gleiten auf Aufstandsflächen.
b) Grundbruch.
c) Versagen der Wasserseite.
d) Lokales Versagen der Landseite.
e) Böschungsbruch der Landseite.

4. Was versteht man unter Schölungen?

a) Böschungsabbruch.
b) Sickerwasseraustritte.
c) Wundstellen.
d) Ausspülungen.
e) Oberflächige Böschungsschäden an der Wasserseite.

5. Was ist eine „Quellkade"?

a) Ansaugschacht.
b) Wasserquelle.
c) Fangdamm.
d) Maßnahme bei Sickerwasseraustritt.
e) Sandsackhufeisen.

6. Ist der Folieneinsatz zur Sicherung von Dämmen sinnvoll?

a) Nur an besonders durchlässigen Bereichen.
b) Nur, wenn Taucher zur Verfügung stehen.
c) Ja, wenn die Dammoberfläche glatt ist.
d) Grundsätzlich nein.
e) Grundsätzlich ja.

7. Was versteht man unter Qualmwasser?

a) Löschwasser.
b) Sickerwasseraustritt am Deich.
c) Aufbrechen des Binnenlandes.
d) Aufquellen des Binnenlandes.
e) Abschwellendes Hochwasser.

8. Letzte Notmaßnahme vor der Überströmung eines Deiches?

a) Folien auf dem Deich ausbreiten.
b) Bereits abrutschende Böschungsbereiche nicht belasten.
c) Deichaufhöhung.
d) Evakuierung.
e) Beobachtung der Böschung.

9. Ist das Auspumpen von Kellern im Hochwassergebiet sinnvoll?

a) Nein.
b) Ja.
c) Nein, das Gebäude könnte aufschwimmen.
d) Nein, Schäden am Gebäude nach dem Hochwasser wären möglich.
e) Muss durch einen Sachkundigen entschieden werden.

5 Ausblick

Die dynamischen Einsatzlagen bei Starkregen oder unmittelbar danach, sowie die Hochwasser der letzten Jahre, zeigen immer wieder die gleichen Erfahrungen.

Zusammenfassend ist festzustellen, dass es an einheitlichen Taktiken und sicheren Ausbildungsmöglichkeiten in Deutschland fehlt!

Wie man das besser machen kann, zeigt – wieder einmal – das Ausland z.B. unter dem Stichwort „Swift Water Rescue“, hier am Beispiel im Staat New York der USA:

https://generalcontrolsystems.com/new-york-state-preparedness-training-center-for-swift-water-and-flood-rescues/

https://absoluterescue.com/water-rescue/swift-water-flood-training-center/

Die DLRG plant seit 2024 ein entsprechendes Ausbildungszentrum auch für Deutschland.

Es liegt an allen Beteiligten, sich hier zusammenzuschließen und für die Zukunft

- zu einheitlichen Einsatztaktiken bzw. -standards zu kommen,
- dem Thema PSA größere Aufmerksamkeit zu widmen,
- aus den Lektionen der Einsätze insgesamt schneller Lehren für die Praxis zu ziehen, um Folgeunfälle zu vermeiden und Einsatzabläufe zu verbessern!

6 Anhang

Folgende Inhalte finden Sie als **Bonusmaterial** im Download-Bereich:

- Hochwassermeldedienste – Bund/Länder/Private
- Wetterdienste – Land
- Windtabelle
- Hochwasserschutzwände: System Aqua Barrier
- Deichverteidigung: Fertigung von Faschinen
- Schwarze Wanne und Weiße Wanne

Zu Ihrem Fachwissen Feuerwehr **„Hochwasser- und Starkregeneinsatz“** stellen wir Ihnen wertvolle Zusatzinformationen zum Download zur Verfügung. Ihr Bonusmaterial können Sie auf www.ecomed-storck.de/mein-Konto herunterladen.
Wichtig: Sie müssen das Bonusmaterial dort zunächst **einmalig** mit Ihrem persönlichen Download-Code freischalten (siehe unten „So geht's“). Danach steht es Ihnen im Bereich **„Mein Konto“** zur Verfügung.

Ihr **persönlicher Download-Code** lautet: p25-HuS-9z4

So geht's:
1. Haben Sie bereits **Zugangsdaten** für die Website www.ecomed-storck.de?
   Wenn **nein:** Bitte weiter mit **Schritt 2.**
   Wenn **ja:** Bitte weiter mit **Schritt 3.**
2. Bitte legen Sie ein **Konto** an unter:
   www.ecomed-storck.de/konto-eroeffnen
3. Loggen Sie sich mit Ihren Zugangsdaten im Bereich **„Mein Konto“** ein:
   www.ecomed-storck.de/mein-konto
4. Klicken Sie bitte dort auf den Punkt **„Download-Code einlösen“**. Tragen Sie nun **Ihren persönlichen Download-Code** ein, bestätigen Sie die AGB und Datenschutzhinweise und klicken Sie auf **„Einlösen“**.
5. Unter **„Online-Produkte & Downloads“** steht Ihnen jetzt Ihr Bonusmaterial zur Verfügung.

7 Literatur- und Quellenverzeichnis

ALLGAIER, P. 2024: Vermisster Feuerwehrmann: Vorwürfe von Mutter und Experten, Tagesschau vom 02.12.2024; https://www.tagesschau.de/inland/regional/bayern/br-vermisster-feuerwehrmann-vorwuerfe-von-mutter-und-experten-102.html, abgerufen: 18.12.2024

ARMBRUSTER-VENETI, H. 1999: Über Maßnahmen gegen Bruch von Erddämmen. In: Wasserwirtschaft, Heft 12/1999. S. 620–628. Vieweg. Wiesbaden.

BARTMANN, H. 1990: Taucher-Handbuch. Loseblattwerk, 1. Auflage. Stand: 116. Erg.-Lfg. 12/2024 ecomed Landsberg.

BARTMANN, H. 2006: Wasserrettung – Gewässer- und Wasserbaukunde. Taktik-Technik-Hochwasser. 1. Aufl. ecomed Landsberg.

BARTMANN, H.; MAYER, R. 2025: Tauchlehrgang Stufe 2 – Lehrbuch zur Ausbildung von Feuerwehr- und Bergungstauchern, 16. Aufl., www.fwdv8.de

BARTMANN, H.; ROOLF, K.; Stoffer, N. 2024: Tauchlehrgang Stufe 2 – Lehrbuch zur Ausbildung von Einsatztauchern, 4. Aufl., www.fwdv8.de

CIMOLINO, U. (Hrsg.): SER Wasserrettung, ecomed Verlag, Landsberg, 2011

CIMOLINO, DR. U.: Stürme und Extremniederschläge – Maßnahmen zur Erhöhung der Sicherheit, DGUV-Forum 07/2020, DGUV, 2020, https://forum.dguv.de/ausgabe/7-2020/artikel/stuerme-und-extremniederschlaege-massnahmen-zur-erhoehung-der-sicherheit, abgerufen: 18.06.2024

CIMOLINO, Dr. U.: Gefahren der Einsatzstelle – damals und heute, in: Brandschutz, 06/2021, Verlag W. Kohlhammer, Stuttgart, 2021

CIMOLINO, Dr. U.; BRÄUTIGAM, Dr. B.: Großschadenslagen, ecomed SICHERHEIT, Landsberg, 2023

CIMOLINO, Dr. U.: Erste Ergebnisse der vfdb-Expertenkommission 2022, Vorträge auf der vfdb-Jahresfachtagung 2022 sowie Abdruck in der vfdb-Zeitschrift 02/2022, vfdb, Münster, 2022

CIMOLINO, Dr. U.; BRUST, St.; OTTE, A.; SCHMID, Dr. M.: Einsatz von Luftfahrzeugen, ecomed SICHERHEIT, Landsberg, 2022

DFV: FE Luftfahrzeugeinsatz, Berlin, 2022; https://www.feuerwehrverband.de/app/uploads/2022/03/DFV-FE_Luftfahrzeuge_2022.pdf, abgerufen: 24.07.2024

DGUV: UVV Feuerwehren, DGUV-Vorschrift 49, Juni 2018, Berlin, 2018; https://publikationen.dguv.de/widgets/pdf/download/article/1507, abgerufen: 18.06.2024

DGUV: Feuerwehren, DGUV-Regel 105-049, Juni 2018, Berlin, 2018; https://publikationen.dguv.de/widgets/pdf/download/article/3505, abgerufen: 18.06.2024

DGUV: Rettungswesten und Atemschutz, DGUV-Information 205-032, Juni 2019, Berlin, 2019; https://publikationen.dguv.de/widgets/pdf/download/article/3530, abgerufen: 18.06.2024

DGUV: Spannungswarner für überflutete Bereiche, FBFHB-002, DGUV, Stuttgart, 2021; https://publikationen.dguv.de/widgets/pdf/download/article/3678, abgerufen: 24.07.2024

DGUV: Rettungswesten und Schwimmhilfen, DGUV-Information 212-004, Juli 2022, Berlin, 2022; https://publikationen.dguv.de/widgets/pdf/download/article/4408, abgerufen: 18.06.2024

FUK-Niedersachsen: Rettungswesten, Infoblatt, FUK-Niedersachsen, Hannover, August 2019; https://www.fuk.de/fileadmin/user_upload/fuk/service/info-blaetter/schutzausruestung/schutzausruestung_2020/rettungswesten-08-19.pdf, abgerufen: 18.06.2024

LOOSEN, F. 2001: Handbuch „Hochwasserschutz und Deichverteidigung“. Bundesanstalt Technisches Hilfswerk (THW), Referat F 3. Bonn-Bad Godesberg.

LOTZ, J.; METZLER M. 2005: Hochwassereinsatz. Rotes Heft 81, 1. Auflage. Kohlhammer. Stuttgart.

PATT, H. 2001: Hochwasser-Handbuch. Springer. Berlin.

SCHAA, W. 1996: Anleitungen zur Deichverteidigung. Brandschutz – Deutsche Feuerwehr-Zeitung, Heft 2/1996, S. 127–130. Kohlhammer. Stuttgart.

SCHRÖDER, W. 1999: Grundlagen des Wasserbaus. 4. Auflage. Werner. Düsseldorf.

SCHRÖDER, W.; Römisch, K. 2001: Gewässerregelung Binnenverkehrswasserbau. 1. Auflage. Werner. Düsseldorf.

STAUDT, S.; STAUDT, M. 2002: Strategien gegen das Hochwasser: Schadensvorbeugung durch Planung und Konstruktion. In: Detail, Heft 11/2002, S. 1440–1442. Institut für internationale Architektur-Dokumentation. München.

VOGT, R. 2006: Öffentlichkeits- und Zusammenarbeit beim Hochwasserschutz. Vortrag anlässlich des Augsburger Rettungssymposiums am 16.09.2006.

WAGNER, H. 2006: Folieneinsatz durch Taucher zur Notsicherung von Dämmen und Deichen. Vortrag anlässlich der Taucher-Tage 2006 vom 28.04. bis 29.04.2006 in Aufkirchen (Bayern).

Lösungen

Lösungen zu Kapitel 2.9: 1. b), c), d), e); 2. c); 3. a), b), d); 4. a), b), d); 5. b), c), d); 6. d), 7. a), c), d); 8. a), b), c); 9. b), c), d)

Lösungen zu Kapitel 3.2: 1. b); 2. e); 3. c); 4. a), b), c), d), e); 5. b); 6.a), b), c), d), e); 7. b); 8. a), b), c), e); 9. c), d), e)

Lösungen zu Kapitel 4.8: 1. c), d); 2. c), d), e); 3. a), b), d), e); 4. c), d), e); 5. c), d), e); 6. a), b), c); 7. c), d); 8. a), b), e); 9. c), d), e)